U0183798

有机化学和生物化学
ORGANIC CHEMISTRY AND BIOCHEMISTRY

英国 Brown Bear Books　著

李　楠　译

電子工業出版社·

Publishing House of Electronics Industry

北京·BEIJING

Original Title: CHEMISTRY: ORGANIC CHEMISTRY AND BIOCHEMISTRY

Copyright © 2020 Brown Bear Books Ltd

BROWN BEAR BOOKS

Devised and produced by Brown Bear Books Ltd,
Unit 1/D, Leroy House, 436 Essex Road, London
N1 3QP, United Kingdom
Chinese Simplified Character rights arranged through Media Solutions Ltd Tokyo
Japan (info@mediasolutions.jp)

版权贸易合同登记号　图字：01-2022-6405

图书在版编目（CIP）数据

有机化学和生物化学 / 英国 Brown Bear Books 著；李楠译 . —北京：电子工业出版社，2023.5
（疯狂 STEM. 化学）
ISBN 978-7-121-45229-1

Ⅰ . ①有… Ⅱ . ①英… ②李… Ⅲ . ①有机化学－青少年读物 ②生物化学－青少年读物
Ⅳ . ①O62-49 ②Q5-49

中国国家版本馆 CIP 数据核字（2023）第 046034 号

责任编辑：郭景瑶
文字编辑：刘　晓
印　　刷：北京利丰雅高长城印刷有限公司
装　　订：北京利丰雅高长城印刷有限公司
出版发行：电子工业出版社
　　　　　北京市海淀区万寿路 173 信箱　邮编：100036
开　　本：787×1092　1/16　印张：20　字数：608 千字
版　　次：2023 年 5 月第 1 版
印　　次：2023 年 5 月第 1 次印刷
定　　价：188.00 元（全 5 册）

凡所购买电子工业出版社图书有缺损问题，请向购买书店调换。若书店售缺，请与本社发行部联系，联系及邮购电话：（010）88254888，88258888。
质量投诉请发邮件至 zlts@phei.com.cn，盗版侵权举报请发邮件至 dbqq@phei.com.cn。
本书咨询联系方式：（010）88254210，influence@phei.com.cn，微信号：yingxianglibook。

"疯狂STEM"丛书简介

STEM是科学（Science）、技术（Technology）、工程（Engineering）、数学（Mathematics）四门学科英文首字母的缩写。STEM教育就是将科学、技术、工程和数学进行跨学科融合，让孩子们通过项目探究和动手实践，以富有创造性的方式进行学习。

本丛书立足STEM教育理念，从五个主要领域（物理、化学、生物、工程和技术、数学）出发，探索23个子领域，努力做到全方位、多学科的知识融会贯通，培养孩子们的科学素养，提升孩子们实际动手和解决问题的能力，将科学和理性融于生活。

从神秘的物质世界、奇妙的化学元素、不可思议的微观粒子、令人震撼的生命体到浩瀚的宇宙、唯美的数学、日新月异的技术……本丛书带领孩子们穿越人类认知的历史，沿着时间轴，用科学的眼光看待一切，了解我们赖以生存的世界是如何运转的。

本丛书精美的文字、易读的文风、丰富的信息图、珍贵的照片，让孩子们仿佛置身于浩瀚的科学图书馆。小到小学生，大到高中生，这套书会伴随孩子们成长。

什么是有机化学

化学家将化合物分为两大类：有机化合物和无机化合物。有机化合物含有大量的碳元素，它们存在于从塑料到汽油再到药物的多种物质中，它们甚至组成了生物体，其中当然也包括作为读者的你！

学习化学知识时，你将看到许多原子、分子（通常由多个原子连接而成）如何发生反应的例子，以及它们的结构会怎样影响它们的性能。这些例子大多非常简单，你可以很容易地理解它们。你学习的对象是水、盐和金属这些你每天都会接触的物质。然而，你周围的大多数物质却不是那么容易被制造和理解的。

复杂的化学物质

生物体是自然界中最复杂的物质，人类制造的最有用的一些材料也是由复杂化合物组成的，例如塑料、燃料、药物。化学家把这些化合物称为"有机化合物"，是因为这些化合物在自然界中最初都是由生物体产

地球上所有的生命都是以有机化合物为基础的。

生的。化合物是由两种或多种元素的原子组成的。有机化合物也是由多个原子以某种形式组合在一起的，有时候甚至可以达到上千个原子。所有的有机化合物都是以碳（C）元素为基础的，同时也可以含有其他元素的原子，这些元素中最常见的是氢（H），但常常还会涉及氧（O）、氮（N）和氯（Cl）。

科学词汇

原子： 元素保持其化学性质的最小单位。

生物化学： 研究生物体内化学反应的科学。

化合物： 两种或两种以上不同元素的原子结合在一起形成的物质。

无机化合物： 含碳以外的各种元素的化合物。

分子： 通常是由两个或多个原子通过化学键连接而成的。

有机化合物： 由碳元素组成的化合物，通常还含有氢元素。

有机与无机的关联

最早研究有机化合物的化学家对有机

化合物的了解十分有限，他们将研究无机化合物的方法套用在有机化合物的研究中，但取得的效果并不好。由于有机化合物燃烧后会产生水蒸气（H_2O）和二氧化碳（CO_2），因此化学家知道了有机化合物中含有碳元素和氢元素。某种物质与氧气反应时会发生燃烧反应，化学家可以通过测量燃烧时产生的各种气体的量来计算有机化合物中碳原子和氢原子的比例。1828 年，弗里德里希·维勒（Friedrich Wöhler，1800—1882）发现有机化合物可以由无机化合物制得，从此，化学家开始以新的方式看待有机化合物。他们

化学的划分

化学家最早于 19 世纪初开始研究有机化合物，当时，人们开始研究生物体内产生的物质。许多科学家认为这类化合物十分复杂，只能由生物体产生。正因如此，瑞典化学家乔恩·雅各布·贝采里乌斯（Jöns Jacob Berzelius，1779—1848）才将这些化合物称为"有机化合物"。根据这个定义，其余的化合物被称为"无机化合物"。

然而，在 1828 年，德国化学家弗里德里希·维勒发现有机化合物也可以在实验室里制造。出于偶然，他将两种无机化合物放在一起进行反应，得到了尿液里存在的一种物质——尿素。这一发现表明，有机化合物的制造方式与其他化合物的制造方式是相同的，只是过程要更复杂一些。

着手研究一些仅仅由几个原子组成的简单有机化合物，如坚果油、存在于某些蚁类分泌物中的甲酸（俗称"蚁酸"）、腐烂水果产生的乙醇。

化学家看到，一些化合物尽管在很多方面表现不同，但是发生化学反应的方式却是相同的。这使他们意识到，这些化合物的分子中一定含有一组相同的原子。正是这个所谓的官能团（决定有机化合物化学性质的原子或原子团）给予了这些化合物属于自身的特性。现在的有机化学家正在研究这些官能团是如何起作用的，甚至他们还可以合成新的官能团。

碳键

所有的有机化合物都含有碳（C）原子。碳是唯一可以形成任意长度的链状结构的元素——既可以是支链结构，也可以是环状结构。这种特性是由碳的成键方式决定的。

有机化合物以令人难以想象的形状和尺寸排列，它们的分子通常呈链状或环状结构，或者是两者混合的网状结构，此外还有盘绕分子、球形结构甚至微管结构。所有这些结构都是碳原子间能形成强键的结果。为了理解碳原子是如何形成这么多种分子的，我们有必要了解一下纯碳本身的情况。

碳单质

碳单质在自然界中通常以四种形式出现：炭黑、富勒烯、金刚石和石墨。炭黑和富勒烯都是含碳化合物不完全燃烧时的产物。富勒烯的结构非常脆弱，几十年前化学家才发现了富勒烯。炭黑是一种很细的黑色粉末，也被称为"无定形碳"，其碳原子是随机排列的，没有有序的结构。石墨和金刚石是人们十分熟悉的两种稳定的碳单质，尽管二者都仅仅由碳原子构成，但它们有着巨大的差异。

一种元素的原子为何能形成如此不同的两种物质？答案是在这两种物质中，原子的连接方式是不同的。

碳与共价键

一个碳原子最多可以形成四个共价键，这些键连接共用电子的两个原子。在共价键中，每个原子提供一个电子，两个电子形成一个电子对，电子对处于每个原子的最外电子壳层上，因此，原子被并拉拽在一起。这对共用的电子同时被两个原子的原子核所带的正电荷吸引，就是这些作用力，或者称为"化学键"，将原子连接在了一起。按上述排列形式形成的化学键被称为"单键"。碳原子还可以与其他原子形成两个键或三个键，就是我们常说的双键或三键。大多数情况下，双键和三键是存在于两个碳原子之间的。在双键中，两个原子共用两个电子对（四个电子），在三键中，两个原子则共用三个电子对（六个电子）。带有双键或三键的化合物比只带有单键的化合物活泼。双键或三键更容易打开，形成更稳定的单键。

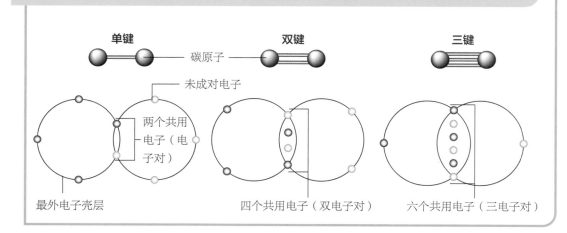

单键　　　　　双键　　　　　三键

碳原子

未成对电子

两个共用电子（电子对）

最外电子壳层　　　　四个共用电子（双电子对）　　　六个共用电子（三电子对）

碳原子

要理解碳原子是如何成键的，我们必须知道碳原子的内部情况。碳原子的最外电子壳层上有四个电子，这些电子就是碳原子与其他原子成键的电子。原子间成键是通过共用、得到或失去外层电子的方式实现的，原子通过这些方式使最外电子壳层充满电子，从而达到稳定状态。

一个碳原子的最外电子壳层可以容纳八个电子。为了变得稳定，碳原子必须与其他原子共用四个电子。原子间共用电子形成的化学键被称为"共价键"。碳原子的独特之处在于，它的最外电子壳层是半饱和的，这使得碳原子比大多数原子稳定，因为碳原子可以与其他原子形成两个甚至三个强键。碳原子形成双键或三键的能力也是石墨、金刚石与其他形式碳单质之间存在差异的原因。

不同的键

在金刚石内部，每个碳原子只通过单

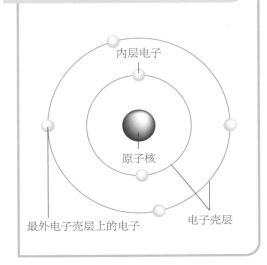

电子壳层

碳原子外有两个电子壳层，内层有两个电子，最外电子壳层上有四个电子。这四个电子使碳原子可以形成单键、双键或三键。

内层电子

原子核

最外电子壳层上的电子

电子壳层

石油是一种碳氢化合物，它在空气中燃烧时，会产生二氧化碳、一氧化碳、水和纯碳（炭黑）。下图中炼油厂火灾产生的黑烟是由炭黑颗粒组成的，它们将以灰烬的形式沉降到地面上。

键与其周围四个碳原子连接在一起。由于所有的碳原子都是互相连接在一起的，所以整个一块金刚石就是一个巨大的分子。这种将原子结合在一起的刚性互连结构，就导致了金刚石的极高硬度。石墨则硬度较低，并且在很多方面表现出了与金刚石不同的性质，那是因为石墨内部的一些碳原子是以一种较弱的作用力结合在一起的。

在石墨内部，每个碳原子只通过单键与周围三个碳原子连接，构成六角平面网状结构。此外，一层平面内的碳原子还能形成一个大的化学键，这个化学键的形成方式与双键的类似。上述网状结构又可以连成片层结构，片层间是依靠分子间力结合起来的，因此石墨中原子的成键是不完全相同的。因为层与层间的作用力比较弱，所以石墨中层与层之间的连接是不牢固的。作用于石墨的外力很容易破坏层间的连接，导致石墨破碎或变形。一块石墨给人感觉很滑，这是因为即便是用手指轻轻触碰，也足以擦掉一层石墨，也正因如此，石墨才可以代替润滑油或脂类作为润滑剂使用。

导电性

石墨的结构也很好地解释了为什么它能导电而金刚石却不能。电流是由电子或其他带电粒子在物体中流动产生的。移动的粒子将能量从一个地方转移到另一个地方，所以电流可以为家庭、学校和工厂中的很多机器提供动力。

能导电的物质被称为"导体"，导体内部有可以自由移动的电子。不能导电的物质被称为"绝缘体"，绝缘体内部没有可以自由移动的电子。石墨是导体，这是因为参与

上图为1967年R.巴克敏斯特·富勒设计的网架穹顶，它的形状与富勒烯的形状非常相似。

整个碳原子层成键的电子很容易挣脱束缚，然后在层内流动。金刚石中的成键电子都处于强键中，不能流动，无法形成电流，所以

碳纳米管

富勒烯不一定是球状的。1991年，日本科学家饭岛澄男（Sumio Iijima，1939—）制成了管状的富勒烯。这种管状结构是由一层碳原子以与石墨分子相同的六边形图案结合之后形成的，这种结构被称为"碳纳米管"或"巴基管"。碳纳米管非常细，将一根能连接地球与月球的碳纳米管团起来，也只有一颗罂粟籽的大小。到目前为止，科学家只能制造很短的碳纳米管。如果我们能够制造足够长的碳纳米管，那么它将有很多用途。例如，我们可以将这些碳纳米管编成比钢铁强度高很多的材料，其质量要比钢铁轻很多。

金刚石是绝缘体。碳单质的第三种形式是富勒烯，它也是导体。然而，富勒烯中的电子自由移动的形式又与其他碳单质不同。研究富勒烯的结构也有助于我们理解有机化合物的性能。

富勒烯

富勒烯是含碳化合物燃烧时形成的。富勒烯的最小及最简单结构包含 60 个碳原子，其分子式是 C_{60}。它是在 1985 年被发现的，被命名为巴克敏斯特·富勒烯，是为了纪念建筑师 R. 巴克敏斯特·富勒（R. Buckminster Fuller，1895—1983）。巴克敏斯特·富勒是网架穹顶的设计者，网架穹顶的形状与富勒烯的形状非常类似。现在，所有具有类似结构的碳原子簇都被称为"富勒烯"，而 C_{60} 分子则被昵称为"巴基球"。

在巴基球和其他富勒烯结构中，每个碳原子都与其他三个碳原子结合，大多数形成六边形，然而也有少数形成的是五边形。这种互相连接的六边形或五边形弯曲后形成球体。与金刚石和石墨不同的是，富勒烯中的碳原子不形成第四个键，相反，每个碳原子上未成键的电子由所有原子共用。这就形成了一片电子云，均匀地覆盖于球的表面。电子云中的电子可以自由移动。

科学家们希望能利用富勒烯，它们已经被制成了纳米管。或许有一天，它们能被用作微型机器中的管路或导线。富勒烯是空心的，其内部可以容纳其他原子，且所容纳的原子并未与富勒烯成键，因此两者没有形成化合物。化学家不得不使用一种新方法来描述这种结构，例如，若巴基球中含有一个氦原子（He），则写作 $He@C_{60}$。

富勒烯的发现

金刚石和石墨为人所知的时间已经有几千年了，碳单质的第三种形式到 1985 年才被发现。英国科学家哈罗德·克罗托（Harold Kroto，1939—2016）和美国化学家理查德·斯莫利（Richard Smalley，1943—2005）、罗伯特·科尔（Robert Curl，1933—）通过合作研究发现了富勒烯的表面结构。他们用超热激光燃烧碳的样本，并对结果进行分析，进而发现实验中产生了碳原子团。然而，令他们惊讶的是，里面有一些较大的原子团含有 60 个碳原子，且这些原子团不容易破碎。科学家们意识到，碳原子形成了一个中空的笼状球体。更进一步的实验表明，球体或其他的中空结构可以由数量更多的碳原子构成。1996 年，克罗托、斯莫利和科尔因发现了富勒烯这种新型的碳同素异形体而被授予了诺贝尔化学奖。

科学词汇

同素异形体：同一种元素组成的结构不同的单质。

导体：一种能很好地传输电流和热量的物质。

共价键：两个或多个原子间通过共用电子形成的化学键。

晶体：由规则重复模式的原子构成的固体。

电子壳层：围绕原子核分布的电子的层级。

绝缘体：不能传输电流和热量的物质。

碳链

因为碳原子有形成碳链的能力，所以有机化合物的种类繁多。碳链的长度是没有限制的，而且它可以产生分支进而形成复杂的网状结构。

最简单的有机化合物只含有碳（C）原子和氢（H）原子，这类化合物被称为"碳氢化合物"或"烃"。碳氢化合物在石油和天然气中混合在一起。碳氢化合物还能被制造成多种其他产品。

在烃类分子内，碳原子可以与其他碳原子或氢原子成键，每个碳原子可以连接四个其他原子，每个氢原子只能形成一个键，烃类分子中的氢原子总是与碳原子相连。

强键

烃是共价化合物，原子间靠共用电子而成键。两个碳原子之间的键非常稳定。碳原子可以形成长链，这是因为碳原子的最外电子壳层是处于半充满（半饱和）状态的。氢原子与碳原子之间的化学键也是很强的，氢原子能形成强键的原因与碳原子是相同的，氢原子的最外电子壳层也处于半充满状态——氢原子的最外电子壳层可以容纳两个电子，但其只有一个电子。

每个氢原子只能形成一个键，因此它

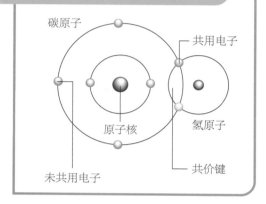

碳氢键

碳原子和氢原子之间形成的共价键，被称为"碳氢键"，如下图所示。

碳原子　　共用电子　原子核　氢原子　未共用电子　共价键

科学词汇

燃烧： 物质进行剧烈的氧化还原反应，伴随发光和发热的现象。

烃： 只含有碳和氢两种元素的有机化合物，包括烷烃、烯烃、炔烃、脂环烃及芳烃。烃是许多其他有机化合物的基体。

们不能形成链状结构。然而，氢原子与碳原子结合，可以形成复杂而多样的化合物。

烷烃

最简单的烃是由原子通过单键连接而成的，被称为"烷烃"。由于全部为单键连接，所以其中每个碳原子的成键都类似于金刚石中碳原子的成键。不同的是，碳原子在烷烃中是以链状结构排列的，而非像在金刚石中那样以刚性网格结构排列。烷烃

下图为繁忙城市的典型晚高峰交通状况，大多数汽车和卡车使用碳氢化合物燃料，如汽油和柴油。

分子和其他有机化合物分子的形状是复杂的，但是本书中将所有分子以平面图的形式绘制出来（见下图）。最简单的烷烃是甲烷，它的分子式是 CH_4，代表一个碳原子连接四个氢原子；再下来是乙烷（C_2H_6），它含有两个碳原子，每个碳原子连接三个氢原子；之后是丙烷（C_3H_8），它含有三个碳原子；丁烷（C_4H_{10}）则含有四个碳原子。通过连接更多的碳原子，烷烃分子逐渐变大。烷烃分子的分子式通式是 $C_nH_{(2n+2)}$，n 表示分子中含有的碳原子数目。例如，甲烷中 n 为 1，因此氢原子的数目为 $(2 \times 1) + 2 = 4$。

烷烃

烷烃分子中只有单键，所以碳原子最多能连接四个其他原子。许多常见的烃属于烷烃，如汽油中含有的辛烷（C_8H_{18}）。另外，用于制作蜡烛的石蜡也是一种烷烃混合物，其中的烷烃含有 22～27 个碳原子。

三种简单的烷烃

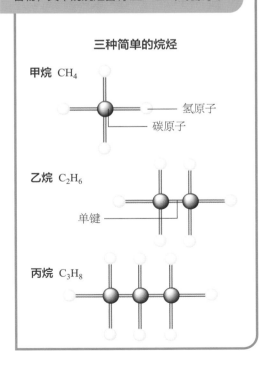

系统命名

由于有许多有机化合物需要研究，所以化学家为它们设计了一套命名系统。系统规定，命名的前缀表示分子中含有的碳原子数。例如，含有两个碳原子时，前缀为"乙"（eth-）；含有八个碳原子时，前缀为"辛"（oct-）。系统还规定，所有烷烃的后缀为"烷"（-ane），因此。C_2H_6 被命名为乙烷，而 C_8H_{18} 被命名为辛烷。

烷烃化学

正如我们之前了解的，烷烃分子中的化学键十分稳定，因此它们的化学反应性不强。这类化合物最重要的反应是氧化反应和燃烧反应，烷烃与氧气（O_2）剧烈反应时，即可发生燃烧反应。

烷烃燃烧时，会释放出大量的能量，这也是它们能成为优质燃料的原因。例如，地下开采的天然气的主要成分就是甲烷，它可以用作燃气炉或锅炉的燃料，也可以在发

金属加工工人使用氧乙炔火焰来切割金属。乙炔燃烧的火焰非常热（3200℃～3500℃），高温使钢（铁）熔化，氧气再与熔化的钢（铁）反应生成铁的氧化物，铁的氧化物的熔点比铁的熔点低。

电厂中用作发电的燃料。

燃烧反应会产生二氧化碳（CO_2）和水（H_2O），所有的烃燃烧都会产生这两种产物，只是产生的量是不一样的。甲烷燃烧的化学方程式为：

$$CH_4 + 2O_2 \rightarrow CO_2 + 2H_2O$$

烯烃

在烷烃分子中，每个碳原子与氢原子形成四个单键，因此化学家称烷烃为饱和烃。在饱和烃中，每个原子都与最大数量的其他原子相连。如果烃类分子中含有与少于四个其他原子相连的碳原子，即分子中含有碳–碳双键或三键，那么我们就称它为"不饱和烃"。

含有碳–碳双键的碳氢化合物被称为

烯烃

含有由双键连接的碳原子的烃类被称为"烯烃",双键限制了烯烃分子的形状。单键允许分子的各个部分独立旋转,双键则不允许旋转,所以分子中与双键相邻的部分是不能任意移动的。这对支化分子的结构影响最大,其中支链只能连接在双键的某一侧。

两种简单的烯烃

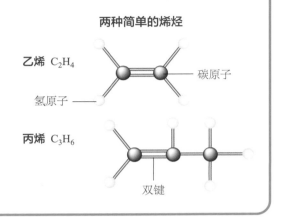

乙烯 C_2H_4 —— 碳原子

氢原子 ——

丙烯 C_3H_6

双键

"烯烃"。最简单的烯烃是乙烯(C_2H_4),乙烯分子中两个碳原子以双键相连。由于两个键已经用于与其他原子连接了,因此每个碳原子还剩下两个键可以连接氢原子。

烯烃分子变大的方式与烷烃相同,丙烯(C_3H_6)含有三个碳原子,丁烯(C_4H_8)含有四个碳原子。与烷烃一样,烯烃链也没有长度限制。

烯烃化学

烯烃存在于石油中,与烷烃和其他烃混合在一起。人类也制造烯烃,因为双键使得烯烃用处很大。烷烃主要用作燃料,但烯烃可以和多种物质反应,因此可以用来制造其他产品。

烯烃具有化学反应性是因为双键很容易断裂成两个单键。例如,烯烃可以与氢气(H_2)发生反应,变成相应的烷烃。乙烯变成乙烷的化学方程式如下:

$$C_2H_4 + H_2 \rightarrow C_2H_6$$

这个反应被称为"加成反应",因为氢原子被添加到了乙烯分子中。

炔烃

含有由三键连接的碳原子的烃类被称为"炔烃"。这类化合物的化学反应性比烯烃强。这是因为三键断裂形成四个单键比双键断裂容易。因为化学反应性很强,所以炔烃在石油中不常见,它们通常是利用化学反应合成的。最简单的炔烃是乙炔(C_2H_2),也叫电石气。

和烯烃一样,炔烃也被用来制造有用

炔烃

炔烃是含有由三键连接的碳原子的烃类。在最简单的炔烃——乙炔分子中,三键两端的碳原子只能与一个氢原子相连。在较大的炔烃分子中,并非所有的碳原子都以三键相连,只要一个三键就可以使其成为炔烃。

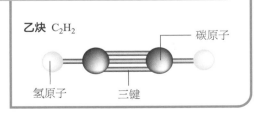

乙炔 C_2H_2 —— 碳原子

氢原子 —— 三键

石油泄漏

全世界每天使用 8500 万桶石油，一桶石油约为 42 加仑（190 升），即全世界每小时使用 1.5 亿加仑石油。大部分石油是用油轮运往炼油厂的，最大的油轮可以装载 36.3 万吨石油，因此，如果油轮发生石油泄露，那将是灾难性的。原油在水面上形成一层"油膜"，有时其中的汽油成分或其他燃料成分会起火。如果"油膜"能在海面上聚集在一起，它们就可以相对容易地被清理掉，但一旦这些石油被冲到海口或河口，那就需要数月才能清理干净，这会造成鱼类、鸟类和其他野生动物的死亡。

由于石油比水轻，所以它会浮在海面上，覆盖它所接触的一切物体，包括陆地和海洋动物。

的产品，如塑料或药物。乙炔还被用来焊接或切割金属（氧乙炔火焰）。

石油化学品

烷烃、烯烃等烃类在用作燃料或工业用途前必须经过提炼，提炼过的烃类被称为"石油化学品"。

烃类的主要来源是石油，石油是一种由气体、液体和污泥状固体组成的混合物。"石油"一词来源于两个拉丁词语——"岩石"和"油"。大多数石油在地层深处，需要用泵将其抽到地面。石油是数百万年前被掩埋于岩石下的生命经漫长的演变形成的。

馏分

未经提炼的石油被称为"原油"。进入炼油厂后，原油中的气体、水分和不需要的固体（如泥浆）都会被除去。余下的烃类被

用泵送入高塔的底部，加热至 380℃。

这座高塔是一座分馏塔，它可以将不同大小和馏分的烃类分子进行分离。加热石油使其中大部分的烃类沸腾汽化。

混合气体在分馏塔里自下而上流动，在上升过程中，气体开始冷却变为液体。这些液体在塔内不同高度被分别收集。小的、轻的烃类分子，如戊烷（C_5H_{12}），沸点低于大的、重的烃类分子。还有些轻的分子一直保持气态直到分馏塔顶部，它们将在那里被收集。较重的馏分在较低的位置变成液体，它们在较低的高度被收集。

链的断裂

原油中大多数的烃是直链烷烃。大约 90% 的原油最终成为燃料——主要是供汽车使用的汽油。各种馏分被分离之后，其中只有 20% 是可以被直接使用的，其余的则被用泵送至反应器内，转化为更为有用的分子。在反应器内，烃类被裂解。裂解是指使长链的烷烃分子断裂为短链烷烃或烯烃的过程。烃类裂解需要在高温高压条件下进行，但仅此还不够，裂解反应还需要催化剂。催

支链分子

不是所有的烃类都是直链的，分子中有四个或超过四个碳原子时就可以形成支链，支链分子可以和直链分子含有相同数目的原子，此时它们的化学式相同。化学家使用命名系统来描述分子是如何排列的，分子命名与其主链（最长的直链）的长度有关。

烷烃1 一条链上有四个碳原子，被命名为丁烷。

烷烃2 也有四个碳原子，但它的主链上只有三个碳原子（如同丙烷），另一个碳原子和它的三个氢原子（$-CH_3$，甲基）连在了主链的中间。该分子被命名为"甲基丙烷"。

烷烃3 有两个甲基与不同的碳原子相连，命名中用数字标记甲基接入主链的位置，该分子被命名为2,3-二甲基丁烷。

甲基和其他支链被称为"烷基"，它们的名称由含有的碳原子数量决定（见右图）。

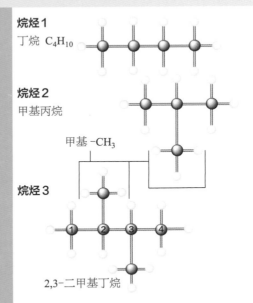

烷烃1
丁烷 C_4H_{10}

烷烃2
甲基丙烷

甲基 $-CH_3$

烷烃3

2,3-二甲基丁烷

碳原子数量	烷基基团	分子式
1	甲基	$-CH_3$
2	乙基	$-C_2H_5$
3	丙基	$-C_3H_7$
4	丁基	$-C_4H_9$

化剂是一种帮助反应进行但在反应前后本身不变的物质。

裂解中使用的催化剂是沸石，这类物质由铝和硅制成，具有非常复杂的中空结构。烃类在被用泵输送的过程中流过沸石时，就会被裂解成更小的分子。

优质汽油

烃类被裂解后，将如前文所述被分离成不同的馏分，同样，只有小部分馏分可以作为燃料使用。有些分子因为太小、太轻而不能作为汽油使用。用于制造汽油的最佳烃类是小的支链烷烃，它们比无支链烷烃燃烧得慢，因此更能保持发动机平稳运行。另一个过程是烷基化，它是指将裂解产生的小而轻的烷烃和烯烃转化为较大的支链烷烃，用于烷基化的催化剂是强酸。

煤

原油并不是烃类的唯一来源。煤是一种由纯碳和烃类混合而成的岩石，被用作燃料。在过去，煤还是煤气的来源，但煤气有毒，现在已经被天然气取代了。

碳环

烃类除了可以形成链状结构，还可以形成环状结构。许多环状分子具有特殊的化学性质。

在链状结构的烃类分子中，碳原子的成键方式与金刚石中碳原子的成键方式类似，在金刚石晶体中，碳原子形成一系列金字塔结构。然而，也有一些烃类分子的结构更类似于石墨。与金刚石一样，石墨也是一种碳单质。石墨中的碳原子不以金字塔结构排列，而会形成六边形或六边形环。含有类似六边形环结构的烃类分子被称为"芳烃"，或者"芳香族化合物"，之所以这样命名，是因为许多这类化合物具有很强的芳香性（气味）。

苯

最简单的芳烃是苯，苯分子中含有六

聚苯乙烯泡沫塑料块是用泵充满空气的聚苯乙烯塑料制成的。聚苯乙烯是由许多环状分子连在一起形成的。

苯环

苯是最简单的芳烃（C_6H_6），苯分子是由六个碳原子组成的一个环。这六个碳原子通过三个单键和三个双键互相连接，双键和单键的位置可以互换。因此，苯分子中的三个双键是六个碳原子共用的。

苯环结构的两种表示方法

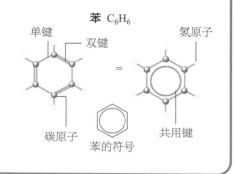

苯 C_6H_6

单键　双键　　　　氢原子　　=　　共用键

碳原子

苯的符号

个碳（C）原子和六个氢（H）原子，它的化学式是 C_6H_6。

六个碳原子连接成六边形，每个碳原子上连有一个氢原子。在苯分子中，碳原子

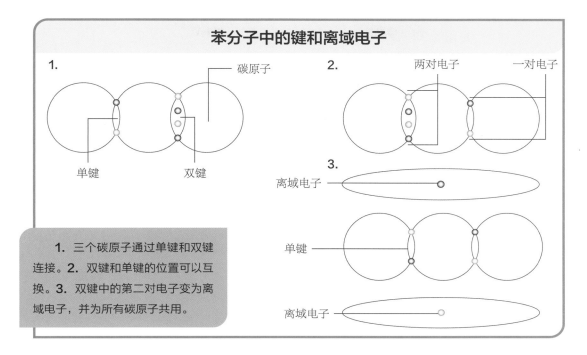

苯分子中的键和离域电子

1. 碳原子 / 单键 / 双键

2. 两对电子 / 一对电子

3. 离域电子 / 单键 / 离域电子

1. 三个碳原子通过单键和双键连接。2. 双键和单键的位置可以互换。3. 双键中的第二对电子变为离域电子，并为所有碳原子共用。

形成四个键，且每个碳原子只与其他三个原子相连（它与一个相邻的碳原子形成一个双键）。最终，单键和双键交替形成了六边形。

共用电子

苯分子中的键是共价键，共价键形成于共用电子的原子间。当苯分子中的两个碳原子共用一对电子时，它们便会形成单键，共用两对电子时，则形成双键（见上图）。

双键中的两对电子是不一样的，其中一对的成键方式与单键一致，另一对结合的强度则较弱，或者说是离域的，它们更容易断裂并与其他原子重新成键。

在苯环中，每个碳原子分别与相邻的两个碳原子形成单键和双键。由于碳原子是连接在一个环上的，所以每个碳原子都是一侧形成单键而另一侧形成双键的。而且，一对电子可以从碳原子的一侧移动到另一侧，

芳烃

芳烃是指分子中含有一个或多个苯环结构的化合物，其环上的氢原子也可能被碳原子链（烷基基团）所取代。有的芳烃分子还含有两个或多个连接在一起的环。

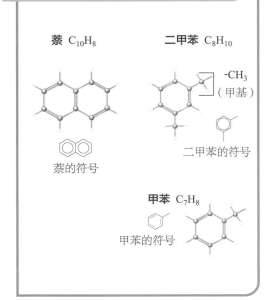

萘 $C_{10}H_8$

二甲苯 C_8H_{10} -CH$_3$（甲基）

萘的符号

二甲苯的符号

甲苯 C_7H_8

甲苯的符号

偶氮染料

许多用于给衣服染色的染料是芳烃，这类染料被称为"偶氮染料"，因为它们的分子中都含有一个偶氮基团。烃类分子的一部分与另一部分通过两个氮（N）原子相连，就形成了偶氮基团，氮原子位于烃类分子的两部分之间，且两个氮原子是通过双键相连的。

链烃也能形成偶氮基团，但这类化合物非常不稳定。偶氮基团与苯环相连时，则会形成稳定的分子。这是因为氮原子之间的双键变成了苯环离域电子体系的一部分，从而使得分子更加稳定。

许多偶氮染料颜色鲜艳，大多呈红色、橙色或黄色。偶氮染料最早于19世纪80年代开始使用，第一个偶氮染料是刚果红。但是，刚果红和其他的早期染料已经被新的偶氮染料取代了，新染料染色持续时间更长。大多数偶氮染料是有毒的，但也有一些是可以用来给食品着色的，如柠檬黄。

如此一来，双键则变为单键，单键则变为双键。因此，这对电子被原子两侧的键有效地共用了。又由于碳原子形成了环，所以这些双键融合成了一个共用键。

我们称共用键中的电子为离域的，它们不属于某一个键，而是被几个原子间相连的键所共用。

稳定分子

所有的芳烃都含有存在离域电子的环状结构。有些芳烃是单环的，其上有链状取代基，有些则是由几个环连在一起组成的。

离域电子使芳烃比许多其他烃类更稳定。化学家通过测量化合物燃烧时释放的热量来衡量分子中原子间结合的紧密程度。

燃烧是化合物与氧气（O_2）发生的反应。在反应过程中，化合物分子发生断裂，其含有的原子与氧（O）原子重新成键。燃烧时放出的热量是旧分子分解与新分子形成两个状态间能量的差。越稳定的烃类燃烧时放出的热量越少，因为它需要更多的能量来使其

樟脑丸是用萘制成的，萘是一种芳烃。它的气味可以使飞蛾远离，并防止毛虫在衣服上蛀出洞来。

分子中的强键断裂。化学家通过燃烧简单的烷烃来测量两个碳原子之间单键的强度。他们还可以通过燃烧烯烃来测量双键的强度。然后，化学家将这些数值加在一起，以便计算出苯环中三个单键和三个双键的强度。可是，当在实验室中通过燃烧苯来检验这个结果时，化学家发现，苯分子的键比预想的要强。这是因为离域电子在所有键中被平均地共用了，结果是使这些键都变得更强了。

芳烃化学

离域电子的稳定性会对苯和其他芳烃的化学反应性产生影响。分子中具有双键的烃类常常具有较强的化学反应性，这是因为双键容易断裂形成两个单键。例如，烯烃会和氢气（H_2）反应生成烷烃。在这个反应中，烯烃的双键断裂，碳原子与氢原子形成了单键。

这种反应被称为"加成反应"，因为氢原子被添加到了分子中。由于苯分子中存在三个双键，所以化学家预测它也应该发生这种反应。然而，苯和其他芳烃不能与氢气发生加成反应，这是因为离域电子阻止了分子双键的断裂和单键的形成。

但是，芳烃可以发生取代反应，即芳环上的一个氢原子被其他原子或基团取代。只有像卤素这种活泼的元素才会与芳烃发生这一反应。例如，氯气（Cl_2）与苯反应生成氯苯（C_6H_5Cl）和盐酸（HCl）。该反应的化学方程式为：

$$C_6H_6 + Cl_2 \rightarrow C_6H_5Cl + HCl$$

毒性和治疗

苯和其他一些芳烃的毒性很大，食物

炸药

一种最为人熟知的炸药就是芳烃。很多人听说过TNT，TNT代表三硝基甲苯，它被用来制作炸弹。

甲苯是一种芳烃，它是由一个苯环和连在其上的甲基（$-CH_3$）构成的。TNT分子是由一个甲苯分子连接三个硝基（$-NO_2$）构成的。它发生爆炸时，会产生非常大的能量，但它也是相对稳定的。TNT不容易发生反应，而且在受热或受潮时也能保持稳定。在借助雷管使其受热到足够发生反应时，即达到295℃时，TNT才会爆炸。在此温度下，TNT分子发生断裂，硝基基团通过反应产生气体。这些气体迅速膨胀，在空气中形成冲击波，冲击波再对其传播路径中的固态物体造成损伤。

科学词汇

离域电子： 即自由电子，在化学中指分子中与某个特定原子或共价键无关的电子。

取代反应： 分子中的一种原子或原子团被其他原子或原子团所代替的过程。

冲击波： 在介质中以超声速传播的并有突然跃升，然后慢慢下降特征的一种高强度压力波。

或水中即使含有少量的苯，也足以使人生病。苯能损伤人体的免疫系统和神经，还会引发癌症。然而，许多拯救生命的药物和止痛药也是芳烃。

醇和酸

并非所有的有机化合物都是烃类，还有许多有机化合物含有其他元素的原子。氧（O）是有机化合物中常见的成分，含氧的有机化合物包括醇和有机酸，如乙酸。

烃类是仅含有碳（C）原子和氢（H）原子的化合物。正如我们看到的，这些元素原子之间形成的键非常强，不容易断裂。因此，烃类的化学反应性不强。然而，当化合物中含有其他元素的原子时，它们的化学反应性会变强。这是因为碳原子与其他原子之间形成的键要弱得多，更容易断裂打开，参与化学反应。

有机化合物分子中比较活泼、容易发生反应并反映着某类有机化合物共性的原子或基因，被称为"官能团"。官能团的结构

酒精饮料，如葡萄酒和啤酒，是利用一种被称为"发酵"的自然过程制造的。乙醇（C_2H_5OH）是通过发酵葡萄糖产生的。发酵过程发生在活细胞的内部，该反应会释放能量。

决定了该化合物如何与其他化学物质发生反应。氧在有机化合物中可以形成多种官能团，一个氧原子可以与其他原子形成两个键。

引入氧原子

水是由氧元素和氢元素组成的化合物。一个氧原子与两个氢原子成键，得到一个水分子（H_2O）。试想，如果其中一个氢原子被烃类分子中的一个碳原子取代，此时从另一个角度看，则是在烃类分子中引入了一个氧原子和一个氢原子（-OH）。这种-OH结构的官能团被称为"羟基"。含有

三种简单的醇类化合物

当含有氧原子和氢原子的羟基（-OH）连接到烃链上时，形成的化合物就被称为"醇"。醇类是根据其分子中含有的碳原子数量来命名的，这类化合物的名字一般以"醇"（-ol）结尾。

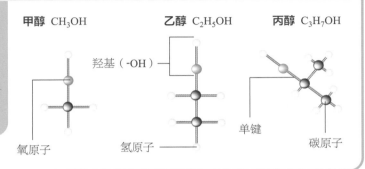

甲醇 CH_3OH　　乙醇 C_2H_5OH　　丙醇 C_3H_7OH

羟基（-OH）

氧原子

氢原子

单键

碳原子

羟基的链状有机化合物被称为"醇"，含有羟基的芳烃被称为"酚"。

醇的制造

醇是最常见的一类有机化合物，它们在自然界中就能产生，人们制造这类物质已经有几千年了。最常见的醇是乙醇，通常被称为"酒精"，它可以由谷物和水果中的糖类制成。这个变化是通过被称为"发酵"的过程完成的，其中主要涉及糖类的反应。发酵过程在自然界中就能发生，可以用于制造酒精饮料。

另一种常见的醇是甲醇（CH_3OH），有时也被称为"木精"，因为它可以通过加热木材制成。当将木材隔绝空气加热时，木材并不会燃烧，而会产生甲醇蒸气。甲醇和所有醇类一样，也是有毒的。在醇类中，只有乙醇是可以少量饮用的，但是，在量大的情况下也能致死，即所谓的酒精中毒。大多数简单醇被当作溶剂使用。

有两个羟基的醇类分子被称为"二醇"。还有一些化合物有更多的羟基，例如丙三醇 [$C_3H_5(OH)_3$]，它含有三个羟基。

非均匀分布的电荷

氧原子的化学反应性较强，它们吸引电子的能力比大多数元素的原子强。醇分子中的氧原子将电子从邻近的碳原子和氢原子那里拉向自己，因此，氧原子变得略带负电荷，与氧原子结合的氢原子则略带正电荷。由于异性电荷相互吸引，所以一个醇分子上的氢原子会被另一个醇分子上的氧原子吸引，这种情况就使两个分子之间产生了一种弱键，这种弱键也被称为"氢键"。许多含氧化合物（包括水）会形成氢键，氢键使醇分子更紧密地聚集在一起。因此，醇类的沸点比不含氧的烃类的沸点高。沸点是液体转化为气体的温度。甲醇和乙醇在常规状态下均为液体，如果不存在分子间的氢键，它们在常规状态下将会是气体。

科学词汇

电子： 构成原子的微小粒子，带有负电荷。

发酵： 细菌或酵母等微生物在无氧条件下，酶促降解糖分子产生能量的过程。

羟基： 由一个氧原子和一个氢原子构成的官能团。

防腐剂

现在，外科医生的手术室是非常干净的。除非经过清洗并穿上防护服，否则任何人都不能进入手术室。如果在手术中有污染物进入了病人的体内，病人就有可能病情加重甚至死亡。污染物中含有一种被称为"细菌"的微小生命形式，它可以感染人体并引起疾病。大约在150年前，人们还不了解这些风险，病人常常在手术后死亡，死亡的原因不是手术本身，而是感染。1865年，英国一位名叫约瑟夫·李斯特（Joseph Lister，1827—1912）的外科医生开始使用石炭酸（苯酚的水溶液）制造手术室的无菌（不含细菌）环境。苯酚的酸性足以杀死细菌，但又相对温和，不会伤害病人。李斯特的这个发现对今天的手术方式也是有重要影响的。

"蚁酸"来源于拉丁语的"蚂蚁"（formica）一词，它被发现于蚁丘上冒出的酸性蒸气中，蚂蚁叮咬也可以释放蚁酸。

氧原子的负电荷还会影响醇的反应方式，例如，醇与氧气反应生成醛酮类化合物。醇类还能与氧气反应生成酸类化合物，这类物质被称为"羧酸"。

羧酸

羧酸中有两个官能团，其中一个是羟基，这个基团还存在于醇类和酚类中。另一个官能团则是羰基（-CO），它是由一个氧原子和一个碳原子通过双键结合形成的。在羧酸分子中，这两个官能团连接在一起，形成了羧基（-COOH）。

常见的酸

与醇类和其他有机化合物一样，羧酸也是根据其分子中含有的碳原子数量来命名的，它们的名字都以"酸"（-oic）结尾。

许多羧酸存在于食物中或自然界中的某些地方，多年来它们被赋予了别的名称。例如，醋中含有乙酸（CH_3COOH），这种化合物也被称为"醋酸"。甲酸（HCOOH）则被称为"蚁酸"，因为有些昆虫，特别是蚂蚁叮咬时会释放甲酸。

还有许多天然的羧酸，其中包括存在于柠檬、橙子和其他柑橘类水果中的柠檬酸。肌肉在努力工作时会产生乳酸，正是乳酸与肌肉中的其他化合物发生了反应，才使肌肉在运动过程中和运动后产生了疼痛感和疲劳感。

羧酸

羧酸的主要基团是羧基，它是由羟基和羰基结合在一起形成的，有些羧酸有多个羧基基团。羧酸可以产生离子，一个氢离子（H^+）离开分子后，余下部分就成为带负电荷的羧酸根离子。例如，甲酸可以形成甲酸根离子（$HCOO^-$）。

乙酸
CH_3COOH

甲酸
$HCOOH$

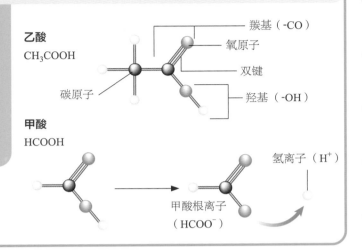

羰基（-CO）／氧原子／双键／羟基（-OH）／碳原子／氢离子（H^+）／甲酸根离子（$HCOO^-$）

较长的羧酸分子被称为"脂肪酸"，它们存在于牛奶、油脂和脂肪中，如存在于椰乳中的月桂酸。

酸的反应

醇与氧气（O_2）反应生成羧酸。自然界中产生乙酸的过程与糖类转化为乙醇的发酵过程有相似之处。正如我们所看到的，酵母产生乙醇，但反应并没有结束。如果乙醇暴露在空气中，混入其中的细菌就会将其转化成乙酸。该反应的化学方程式为：

$$C_2H_5OH + O_2 \rightarrow CH_3COOH + H_2O$$

这就是葡萄酒和其他酒精饮料在打开后长时间放置会变酸的原因，因为它们在慢慢地变成醋！

带正电荷的氢离子（H^+）可以离开羧酸分子，这就是为什么它们会被归类为酸。酸是具有较强化学反应性的化合物，因为它们可以产生氢离子，酸与其他化合物反应生成的物质被称为"盐"。

当羧酸失去氢离子时，剩下的羧酸根变为带负电荷的阴离子。在反应过程中，这种阴离子可以形成盐。乙酸（CH_3COOH）与氢氧化钙［$Ca(OH)_2$］反应时，会生成水（H_2O）和乙酸钙［$Ca(CH_3COO)_2$］。该反应是这样的：

$$2CH_3COOH + Ca(OH)_2 \rightarrow$$
$$Ca(CH_3COO)_2 + H_2O$$

食物经过腌制可以长期保存。人们通常用醋（乙酸）或高浓度酒精（乙醇）来腌制食物。醋中的酸可以阻止食物中细菌的生长。醋也会渗入食物中，赋予食物浓郁的风味。

其他有机化合物

官能团的种类很多，每种官能团都赋予了有机化合物特定的性质。除了含有氧原子，有的官能团还含有其他元素的原子。

有机化合物种类繁多，当两种或两种以上元素的原子结合在一起时，就形成了化合物。大多数有机化合物的分子是由碳（C）原子和氢（H）原子构成的，只含有这两种元素的有机化合物被称为"烃"。然而，许多有机化合物分子中也含有其他元素的原子，这些原子与烃类成键，就形成了官能团，官能团会影响有机化合物的性质。

酯

醇和羧酸反应形成的化合物，被称为"酯"。一个酯分子由两部分构成，一部分来自醇，另一部分来自羧酸。这两部分通过氧（O）原子连接，来自羧酸分子的部分含有一个羰基（-CO）。

以下为两个简单的酯分子。

甲酸甲酯
$HCOOCH_3$

碳原子
氢原子
氧原子

乙酸乙酯
$CH_3COOC_2H_5$

羰基
来自醇的部分　　来自羧酸的部分

羧酸与醇反应

正如我们已经知道的，醇和羧酸是自然界中普遍存在的有机化合物。它们都带有含氧的官能团，当醇和羧酸发生反应时，它们会形成一种被称为"酯"的化合物。醇分子中含有由氧原子和氢原子构成的羟基（-OH）。羧酸分子中也含有羟基，但同时还含有羰基，羰基是碳原子和氧原子通过双键连接而成的。

为了生成酯，乙醇分子中的羟基"脱"去一个氢原子，剩下的氧原子连接到羧酸分子的羰基上。相应地，羧酸分子"脱"去羟基，羟基与乙醇分子"脱"下的氢原子结合在一起，生成了水分子（H_2O）。

与其他有机化合物一样，酯类也是依据它们含有的碳原子数目命名的。最简单的酯是甲酸甲酯（$HCOOCH_3$），它是甲醇（CH_3OH）和甲酸（$HCOOH$，蚁酸）反应

自然界中的许多气味和味道是由有机化合物产生的，如甜豌豆（上图）宜人的香味。含有氮或硫的化合物则会散发出类似于白星海芋的臭味，白星海芋又称"马蹄莲"。

生成的，化学方程式为：

$$HCOOH + CH_3OH \rightarrow HCOOCH_3 + H_2O$$

　　酯的命名包含两部分，因为它的分子来源就是两部分。上面的酯命名为甲酸甲酯，因为它一部分来自甲醇，甲醇"脱"去了一个氢原子，成为酯的甲氧基部分；另一部分来自甲酸，甲酸"脱"去了羟基，成为酯的甲酰基部分。

油和蜡

　　大多数小分子酯类是液体，很容易挥发（变成气体），其中许多具有独特的气味。大分子酯类不易挥发，它们是油状液体或蜡状固体。一些动物脂肪和植物油是复杂

的酯类。这些脂肪和油脂是由三个羧酸分子连接在一个被称为"甘油"（又称为"丙三醇"）的醇类分子上构成的。甘油分子中含有三个羟基，每个羟基与一个被称为"脂肪酸"的大分子羧酸结合形成酯。脂肪酸可以是饱和的，也可以是不饱和的，饱和脂肪酸分子中只含有单键，而不饱和脂肪酸分子中含有一个或多个双键。大多数动物脂肪是饱和的，而许多植物油中含有不饱和脂肪酸。

醛和酮

　　有两类有机化合物是仅含有羰基官能团的，它们是醛和酮。这两类化合物很类似，在结构上仅有的区别是，醛的羰基连接在其分子的末端，而酮的羰基连接在其分子的中间。

　　它们之所以被分为两类，是因为它们结构的差异导致了它们不同的化学反应性。醛和酮仍然是依据它们含有的碳原子数目命名的。醛类的名称以"醛"（-al）结尾，酮类的名称以"酮"（-one）结尾。

　　最简单的醛是甲醛（H_2CO），这种化

科学词汇

羰基： 由碳原子与氧原子通过双键连接而成的官能团。

酯： 醇与羧酸反应形成的化合物。

醚： 醇或酚的羟基中的氢被烃基取代的产物。

蒸发： 物质由液态转化为气态的相变过程。

官能团： 有机分子的一部分，它赋予了该分子特定的化学性质。

酮： 羰基上连接两个烃基的有机化合物。

合物更为人熟知的也许是它的俗名——蚁醛。最简单的酮是丙酮（CH_3COCH_3），它也有一个曾经常用的俗名——二甲基酮。

羰基化学

醛酮类由于含有羰基而比大多数有机化合物有更强的化学反应性。化合物上连接氧原子的双键更容易断裂，进而形成两个单键。氧原子将电子从碳原子拉向自己，使得氧原子带有轻微的负电荷。其他分子被这种负电荷所吸引，这就是氧原子更容易参加反应的原因。

醛和酮是醇到羧酸的中间状态。一个醇可以通过失去两个氢原子而变成醛或酮，例如，甲醇（CH_3OH）可以通过反应变成甲醛，化学方程式如下：

$$CH_3OH \rightarrow H_2CO + H_2$$

醚

醇或酚的羟基中的氢被烃基取代的产物，被称为"醚"。两个醇分子结合在一起时可以生成醚，在这个反应中，两个氢原子和一个氧原子被从醇分子中"脱"去，生成了水分子（H_2O），上述过程被称为"脱水反应"，因为两个醇分子结合在一起时"脱"去了一个水分子。

由于醚的氧原子与两个碳原子所成的键很强，所以醚并不是很活泼的。乙醚（$C_2H_5OC_2H_5$）是第一种作为麻醉剂被使用

胺

胺是一类含有氮原子的有机化合物，与氨（NH_3）类似。氨分子中至少有一个氢原子被烃基取代，便可得到胺，它是具有化学反应性的化合物，可以用来制造某些染料。

甲胺是最简单的胺类。

甲胺
CH_3NH_2

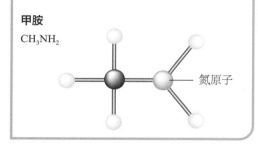

氮原子

醛

醛和酮这两类化合物中含有羰基。羰基位于醛分子的末端、酮分子的中间。羰基是由碳原子和氧原子以双键相连而成的，它是一个有化学反应性的官能团。

甲醛和乙醛是两种简单的醛类。

甲醛
H_2CO

羰基

乙醛
CH_3CHO

氧原子

双键

氢原子　碳原子

二甲醚在气雾罐中被用作喷雾推进剂。

的化学物质。

含氮基团

  含有单个氮（N）原子的有机化合物被称为"胺"。氮原子可以形成三个键，在胺分子中，形成的三个键都是单键。氮原子位于胺分子的中心，分别与三个部分连接。在简单的胺中，三个连接部分中至少有一个是烷基，而其他两个可以只是氢原子。烷基属于烃类的一部分，它可以从其他分子中分支出来，也可以与一个官能团相连。例如，最简单的烷基是甲基（-CH$_3$），最简单的胺则

酮

  最简单的酮含有三个碳原子，这是因为酮分子要求羰基必须位于其结构的中间。除丙酮外，其他酮的名字上都有数字，这些数字表明羰基是与哪个碳原子相连的。

丙酮
CH$_3$COCH$_3$

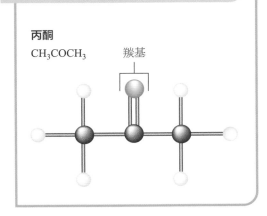

被称为"甲胺"（CH$_3$NH$_2$）。

  氮原子也可以与两个烷基相连接，例如，同时连有甲基和乙基（-C$_2$H$_5$）。在这种情况下，可以将烷基按含碳数目多少列出，之后便可以将分子命名为甲乙胺。当连有两个甲基时，命名为二甲胺；如果连有三个甲基，则命名为三甲胺。

聚合物

聚合物是由小分子形成长链后得到的化合物。我们周围的自然界中就有聚合物。聚合物还可以利用石油化学品制成，它们能用作塑料或被用来制作服装。

烃类的主要来源是石油或原油。原油中90%的烃类转化为汽油和其他燃料，余下的部分则大多数转化为聚合物。聚合物种类繁多，用途广泛，可以用于从战斗机到平底锅的各个方面。

聚合物分子非常大，它们是由许多较小的分子连接成链而构成的。较小的单元被称为"单体"。在这里，"单"表示"单独"，"聚"表示"多个"。因此，聚合物是一种含有多个单体的化合物，单体形成聚合物的过程被称为"聚合"。

聚合物的种类

聚合物的种类很多，有些存在于自然界中，但大多数是用石油化学品制成的。有些聚合物被称为"塑料"，它们可以被塑造成任何形状。还有些聚合物被称为"橡胶"，它们是可拉伸的，或者说是有弹性的。橡胶很容易弯曲成型，但是弯曲后会变回原来的形状。聚合物的性能与组成它的单体和聚合物链的形成方式有关。

制造聚合物

单体可以通过多种反应进行聚合（形成聚合物）。像烯烃这种含有双键的单体，可以通过加成反应进行聚合。用这种方法制成的最简单的聚合物是乙烯的聚合物，被称为"聚乙烯"。这种聚合物的单体是乙烯（C_2H_4），乙烯的两个碳（C）原子是由双

天然聚合物

自然界中有很多聚合物。植物的主体，如树木内部的木材，主要是由一种被称为"纤维素"的聚合物组成的。纤维素是由糖单体连接而成的链状聚合物。淀粉是另一种由糖制成的聚合物，它是面包、土豆和大米中的柔韧材料。

基因也是一种聚合物。这种聚合物被称为"脱氧核糖核酸"（DNA），它是由四种单体组成的。每个基因都是由这些单体的特定组合编码形成的。

橡胶也是一种天然聚合物，它来源于天然胶乳——橡胶树树皮中流出的白色黏稠树汁。向天然胶乳中添加酸和盐可以使固体聚合物从汁液中分离。在这个阶段，生胶柔软而细腻，就像比萨上熔化的奶酪。一种被称为"硫化"的工艺可以提高橡胶的强度和韧性。

天然胶乳是以从橡胶树树皮上割采树汁的方式得到的。现在，由天然胶乳制成的橡胶经常被由烃类制成的类似聚合物所替代。

单体

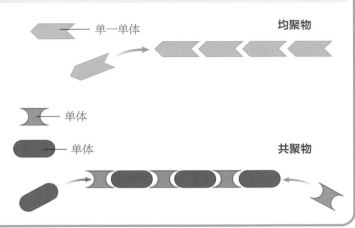

聚合物是由小分子单体连接而成的。聚合物可以只由一种单体组成，这类聚合物被称为"均聚物"（"均"的意思是"相同"）。聚合物也可以由两种或两种以上单体交替连接在一起组成，这类聚合物被称为"共聚物"（"共"的意思是"共同"）。

均聚物

共聚物

单一单体

单体

单体

键连接的。在聚合过程中，双键断裂，碳原子形成长链。每个碳原子与另外的两个碳原子和两个氢（H）原子连接。聚乙烯可以形成长的直链结构或支链化的网状结构。由直链结构的聚乙烯制成的材料硬度更高，由支链结构的聚乙烯制成的材料则更柔软。

聚合物命名

利用加成反应得到的聚合物还有聚丙烯和聚苯乙烯，它们的命名是在单体的名称前加上"聚"字。还有些聚合物的名称很长，念起来很麻烦，我们可以用其单体的首字母缩写来指代它们。例如，PVC 代表聚氯乙烯，氯乙烯是乙烯基氯（C_2H_3Cl）的另一个名称。

科学词汇

键： 原子之间的吸引力。

晶体： 由规则重复模式的原子构成的固体。

弹性： 描述物质被拉伸后恢复到原来形状的性质。

塑性： 描述物质被拉伸后保持持久形变的性质。

聚合： 单体连接在一起形成聚合物的过程。

塑料球是由聚合物制成的。聚合物可以被塑造成任何形状，经常被用来替代自然界中的材料，如木材、石头、玻璃、瓷器和金属。

混合聚合物

聚合反应会进行到不再有单体剩余，如果这时再加入新的单体，分子链还可以继续增长，这种性质使得制造含有两种或两种以上单体的共聚物成为可能。组成共聚物的不同单体决定了共聚物的性能。乙烯可以制造柔软的聚合物，而聚丙烯则强度更高。苯乙烯可以制造玻璃态聚合物，而橡胶聚合物则有很好的弹性。化学家可以将这些单体混合，制造出各个属性均满足需求的聚合物。共聚物可以由每种单体的嵌段组成，

也可以随机排列。聚合物还可以通过精确的单体排列来产生，例如，两种单体可以交替排列。然而，这样的聚合物的生产成本也会很高。

腈纶纤维就是共聚物的一个例子，它是由某些丙烯酸的两种酯混合反应得到的，丙烯酸是一种化学反应性很强的羧酸。

缩聚物

有些单体不是通过加成反应形成聚合物的，而是以缩合反应实现聚合的。这种反

什么是塑料

人们利用本章讨论过的许多聚合物来制造塑料。塑料是非常有用的材料，因为它们可以被塑造成各种形状。"塑料"这个词来源于希腊语中的"模具"一词。相比其他材料，塑料有许多优点，例如，塑料不会像金属那样生锈或被腐蚀；塑料柔韧性高，不会像玻璃一样容易破碎；塑料还具有防水性，这一点又不同于木材；另外，塑料不导电，是很好的绝缘体。

虽然一些类似橡胶的天然聚合物也可以制成塑料，但塑料实际上还是人造材料。塑料是19世纪末被发明的，早期的塑料非常脆（容易碎），而且制造成本很高，所以没有现在的塑料应用那么广泛。现在，塑料已经非常便宜了，从航天器到购物袋，用途十分广泛。塑料分两大类：热塑性塑料和热固性塑料。"热"这个词的意思是"加热"。热塑性塑料在加热时变得更柔软，更容易成型，它熔化后，可以被重塑成各种形状。聚乙烯和PVC就是热塑性塑料。热固性塑料则不同于前者，它在加热过程中会变得越来越硬。一旦完成硬化，热固性塑料就不能再次熔化了。热固性塑料通常被用来制造在高温时仍需保持一定刚性的物体。

用途	传统材料	聚合物	聚合物的优势
模塑物体	金属	聚丙烯	这种塑料像金属一样坚硬，但轻得多。可以在较低的温度下成型
瓶子	玻璃	PET（聚对苯二甲酸乙二醇酯）	比玻璃轻，且摔不碎
门窗玻璃	玻璃	聚碳酸酯	不易碎，但缺点是与玻璃相比更容易产生划痕
涂料	油漆	丙烯酸	丙烯酸涂料的气味没有油漆那么强烈，干燥时也不会开裂
服装和织物	棉和毛	尼龙	尼龙不易被热和水损坏，而且可以制造大型织物

应通过脱去水分子（H_2O）实现单体聚合在一起。尼龙、聚酯，以及天然聚合物中的纤维素和淀粉都是缩聚物，它们的单体中都含有两个或两个以上的官能团。

当单体上的官能团发生反应并形成化学键时，单体就会连接在一起。此时，如果单体上至少还有一个官能团不参与聚合物链的连接，且这些官能团可以与其他聚合物链上的单体形成化学键，那么多个聚合物链之间就会发生交联，最终形成一个牢固的网状结构。

聚合物的性能

当你对着塑料杯、橡胶球或尼龙绳看时，你是看不到它们内部的聚合物分子的。显然，这是因为聚合物分子太小导致的。如果你能看到这些分子，你就会发现，它们并不一样。例如，制造塑料杯与橡胶球的材料就是大不相同的，这是因为它们聚合物链的排列方式是不一样的。聚合物的性能取决于聚合物分子的排列方式。最简单的排列方式

天然纤维和人造纤维

衣服是由编织在一起的纤维做成的。几千年来，人们使用的都是由天然聚合物制成的纤维。例如，羊毛来自绵羊和山羊的绒毛，而棉纤维则是由棉花种子周围的绒毛制成的。这些天然纤维通常很短，它们必须被纺在一起，才能使得到的棉线和毛线足够长，进而能织成服装。

19世纪末，化学家找到了制造更强纤维的方法。最早的人造纤维是利用木材中的聚合物——纤维素制造的，这种由纤维素制成的材料被称为"人造丝"。20世纪30年代，美国化学家华莱士·卡罗瑟斯（Wallace Carothers，1896—1937）发明了尼龙，这是由胺类（含氮化合物）制成的一种全新聚合物。尼龙现在已经成为最常见的人造纤维，它可以被制成各种各样的物品，从丝质床单到刷子的毛。

潜水服是用氯丁橡胶制成的。氯丁橡胶是一种通过加成反应得到的防水橡胶。

是不含支链的，即以直链排列，链中可以含有成千上万个甚至上百万个原子。这类聚合物的一个样品中往往含有长度范围很广的聚合物链。

直链聚合物紧密地堆积在一起，有的甚至能形成晶体，像这样的聚合物适合制造硬质材料。它们不容易变形，因为内部的聚合物堆积得太紧密，不能随便移动。

当这类材料的一个样品被拉伸时，聚合物分子间会发生相对滑动，此时样品变长。当拉伸停止时，聚合物停留在新位置，样品保持其新的拉伸形态，具有这种行为表现的材料被称为具有塑性。

支链聚合物沿着它的主链还连接有侧链。支链会阻止聚合物紧密地堆积在一起，因此，支链聚合物更加柔顺。加成聚合物，如聚乙烯，既可以形成直链，也可以形成支链。

卷曲和交联

橡胶是具有卷曲分子链的聚合物，当橡胶被拉伸时，卷曲分子链变直、变长。但是，拉伸停止后，卷曲分子链又会恢复到原来的形状。具有这种行为表现的聚合物被称为具有弹性。

然而，未经处理的橡胶也像塑料一样，一些橡胶分子可以发生相对滑动，导致橡胶也能被永久拉伸。在卷曲的橡胶分子之

常见聚合物

你可能听说过一些常见聚合物的名称，如PVC或聚乙烯。这两种聚合物和其他聚合物具有一系列不同的性质，决定这些性质的是组成它们的单体的属性。组成长链的小单元就是单体，许多塑料是由聚合物的混合物制成的，每种聚合物都为塑料增加了特定的性能。

聚合物	单体	单体结构	聚合物性能
聚乙烯	乙烯	氢原子 —— ●●— 碳原子	聚乙烯可以制造柔韧性高的塑料，用于包装材料和绝缘电缆
聚丙烯	丙烯	—— 甲基	由这种聚合物制造的塑料与聚乙烯相似，但刚性更强，价格也更贵
聚苯乙烯	苯乙烯	—— 苯基	这种聚合物被用来制造泡沫塑料，它还被加到其他聚合物中，以提高材料的防水性
聚氯乙烯（PVC）	氯乙烯	—— 氯原子	PVC能制成非常坚韧的塑料，它还具有阻燃和耐化学腐蚀的特点。PVC还是良好的绝缘体
聚四氟乙烯（Teflon）	四氟乙烯	氟原子 ——	聚四氟乙烯是一种非常光滑的物质，可以用于不粘锅的制造中

聚苯乙烯泡沫塑料是通过将聚苯乙烯中充满气泡得到的。

间形成交联会改变上述情况，使橡胶具有很高的弹性。在橡胶中形成交联的过程被称为"硫化"，这一过程需要在橡胶中添加某些活性物质（如硫黄）才能进行。

热固性聚合物

聚合物分子中如果有许多交联结构，那么材料的刚性就会很强。此时要使材料断裂或改变其形状，形成交联结构的键就必须被打开。很多聚合物在加热时能发生交联，这类聚合物被称为"热固性聚合物"。

热固性聚合物被用来制造模塑成型物体。将聚合物的粉末成分装入模具中，然后加热。加热使热固性聚合物得以形成。加热还会引起聚合物分子链间发生交联，使制成的物体拥有很强的刚性。

塑料问题

塑料是一种很有用的材料，它可以用于现代生活的各个方面，从包装、服装、鞋子，到椅子、赛艇、船体、杯子和盘子，以及很多玩具。但是，当塑料被丢进垃圾堆时，会发生什么呢?

塑料的一个特性就是它不会很快或很容易地被降解，与别的垃圾一起填埋的塑料，成千上万年后仍能保持不变。其他材料，如金属或木材，可以循环再造或被回收利用。塑料回收利用的难度则相对高一些，因为，对于热固性塑料而言，它是不能再次熔化的；而不同的热塑性材料，也必须先将各个成分分离出来，才能回收利用。

碳水化合物

生物化学是研究生物体内分子和化学反应的科学。地球上所有的生命都依赖碳元素及其所形成的化合物的化学性质。

元素是组成物质的基本形式。所有元素都是由被称为"原子"的微小粒子构成的。不同元素的原子结合在一起，就形成了被称为"分子"的结构。在天然存在的92种元素中，生物体使用的元素相对较少。实际上，大多数生物体主要由6种元素组成，分别是碳（C）、氢（H）、氧（O）、氮（N）、硫（S）、磷（P）。此外还有21种元素是生物过程所必需的，这些生物体内含量极少的元素被称为"微量元素"。

碳元素是一种独特的元素，因为它有能力形成数量几乎无限的化合物（不同类型的原子组合）。之所以能做到这一点，是因为碳原子的最外电子壳层上有4个电子，这

糖果中含有大量的蔗糖，它是一种具有甜味的碳水化合物。白砂糖是一种常见的蔗糖，你可以购买这种晶体状的糖来给咖啡和茶等饮品增加甜味。

些电子可以与其他原子共享。化学的一个整体分支——有机化学就是致力于研究碳元素及其形成的化合物的。

生物体所能利用的简单的含碳化合物之一就是碳水化合物，它是动植物的主要能量来源。碳水化合物分子是由一种或多种糖类分子通过化学键连接在一起构成的。碳水化合物的分子式通式为 $C_m(H_2O)_n$，其中 m 和 n 为大于或等于3的正整数（m 和 n 可以相同，也可以不同）。碳水化合物具有含碳原子的骨架，氢原子和氧原子通过化学键与其相连。因为这类化合物的骨架是由碳原子构成的，所以它们被称为"有机分子"。虽然分子式通式一般是成立的，但是，一些复杂的碳水化合物分子中还含有硫、磷、氮等元

素的原子。

　　人体细胞不能从二氧化碳和水中合成碳水化合物，它们必须消耗食物才能获得碳水化合物。植物富含碳水化合物，是因为植物能够通过光合作用来合成这类物质的分子。因此，有些类型的植物是优质的食物来源。

　　化学家根据碳水化合物分子的大小将碳水化合物分为三类：具有一个糖类分子基本单位的叫单糖，具有两个的叫二糖，具有多个的叫多糖。

单糖

　　最简单的碳水化合物是单糖，包括葡萄糖、果糖、半乳糖，以及核糖和脱氧核糖（它们是核酸的组成部分）等。许多这类化合物的名称按惯例以"糖"结尾。葡萄糖是生物学中的重要分子，它有多种名称，包括

包括灵长类动物在内，所有雌性哺乳动物都会分泌乳汁来喂养后代。乳汁中含有乳糖，它是一种由葡萄糖和半乳糖组成的二糖。

绘制分子

化学家有很多种绘制分子的方法。如下图，五个碳原子和一个氧原子通过单键形成了一个环，单键用直线表示。

碳原子在众多分子中是普遍存在的，所以有时候字母"C"是不标记出来的。下图表示的是与左侧相同的分子。单个氧原子仍然标记为"O"，也可以给碳原子编号，以便化学家能够描述一个分子是如何连接另一个分子的。

在许多由碳原子构成的环状或链状分子中，另外的原子连接在其中一个或多个碳原子上。

下图中显示的分子与其左侧的分子相同。为了简便起见，图中没有标记一部分碳原子、氢原子和氧原子之间的键，这是绘制碳水化合物分子时十分常见的做法。

右旋糖和葡糖等。葡萄糖、果糖和半乳糖的分子式相同，都是 $C_6(H_2O)_6$，但是它们是不同的分子，因为它们原子的排列方式是不同的。像这样具有相同分子式但原子排列方式不同的化合物，就被称为"结构异构体"。果糖是一种非常甜的糖，存在于蜂蜜和水果中，半乳糖则存在于乳汁中。另外，果糖和半乳糖还作为更大一些的分子——二糖的组成部分存在于这些食物中。

二糖

连接二糖中两个单糖的键被称为"糖苷键"。当每个单糖中由氧原子和氢原子构成的羟基发生反应并最终通过一个氧原子连接在一起时，糖苷键就形成了。上述过程会"脱"出一个水分子，因此被称为"缩合反应"。

重要的二糖有两种：蔗糖（葡萄糖+果糖），它是食糖（白糖、红糖和冰糖）和甘蔗的主要成分；乳糖（葡萄糖+半乳糖），它是牛奶中的主要糖类，牛奶虽然不甜，但它确实含有糖类。实际上，自然界中

牛奶的消化

人体是不能直接利用乳糖的，需要将乳糖分解为其含有的单糖组分——葡萄糖和半乳糖后才能利用。糖苷键的断裂是被一种称为"乳糖酶"的蛋白酶所催化（加速）的。有些成年人体内缺乏这种酶，他们无法分解乳糖，这种情况被称为"乳糖不耐受症"。有这种情况的人不能大量食用牛奶，因为乳糖残留在消化道内会引起不适和腹泻。

牛的主要食物是植物，包括草，其中含有大量纤维素。然而，与牛不同，一些杂食动物是无法消化纤维素的。

发现的很多糖类并不是甜的。另一种二糖是麦芽二糖，也被称为"麦芽糖"（葡萄糖+葡萄糖），麦芽糖味甜，在发芽的种子中浓度较高，它在啤酒和威士忌制造中具有重要的作用。

多糖

大多数碳水化合物是多糖，它们是由糖苷键连接起来的单糖长链。最常见的三种多糖是淀粉、糖原和纤维素。碳水化合物通常是细胞能消化的物质的成分，但纤维素不是，至少人类细胞不能将其消化掉。纤维素是地球上含量最丰富的有机分子之一，它是植物细胞壁的结构组分。纤维素能形成坚硬的纤维，这些纤维赋予植物细胞一定的强度，并使其得到保护。

纤维素是由长的且支链相对较少的葡萄糖链组成的。通常纤维素中含有几千个葡萄糖分子。在纤维素中，葡萄糖具有 β-构型。在淀粉中，葡萄糖则具有 α-构型。二者的区别在于连接葡萄糖环的氧原子的位置不同。要想使纤维素中葡萄糖分子的连接键断裂，就需要一种被称为"纤维素酶"的生物分子。

人类不能消化纤维素，就是因为我们

的消化系统中没有纤维素酶。白蚁、牛和其他一些动物消化道中存在含有纤维素酶的微生物，这些微生物能将纤维素分解为葡萄糖。尽管人类不能消化纤维素，但纤维仍是食物的重要组成部分，因为它们有助于食物废料通过消化系统。

淀粉

植物以多糖的形式储存碳水化合物，以备将来使用，这种多糖就是淀粉，它与纤维素类似，也是由葡萄糖分子连接而成的长链。淀粉中把葡萄糖分子连接在一起的糖苷键的排列方式与纤维素中糖苷键的排列方式不同。对植物来说，淀粉的一个重要特性是不溶于水。虽然淀粉占据了植物细胞的空间，但它不会导致细胞吸水，否则就可能扰乱植物体内灵敏度很高的水分平衡。

植物储存淀粉作为其能量的来源，但在很多情况下，我们食用这些植物，而它们所储存的淀粉最终进入了我们的胃中。我们可以消化淀粉，因为我们有能够分解淀粉中糖苷键的淀粉酶。淀粉酶通过水解起作用，水解即"与水反应进而分解"。水解反应向反应物中添加了一个水分子，这个水分子可以看作是缩合反应成键时失去的，加入的水分子使缩合反应形成的连接键断裂。

糖原

植物以淀粉的形式储存葡萄糖，以备需要时使用。动物也需要储存葡萄糖，但不是以淀粉的形式，它们用葡萄糖来制造多糖，这种多糖被称为"糖原"。糖原储存于动物的肝脏和肌肉细胞中。葡萄糖是能量的来源，人体必须保持血液中足够的葡萄糖水

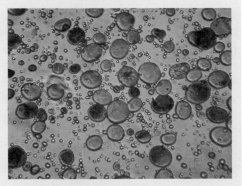
平来"供养"细胞。当两餐之间葡萄糖水平下降时，肝脏可以将糖原转化为葡萄糖以补上"缺口"。

脂类

脂类是脂肪和类脂的统称。脂类具有多种结构，在生物体内表现出不同的功能，它们作为身体的能量来源非常重要。

众所周知，油和水是不能混溶的。从化学角度分析，原因是这样的：水（H_2O）分子是极性分子，其中含有 2 个氢（H）原子和 1 个氧（O）原子，原子间以共价键连接。氢原子和氧原子间有共用电子，然而，两种原子并不是均等地共用电子的。电子更多地被氧原子吸引，从而远离氢原子，这使得水分子的氢原子一端带部分正电荷，氧原子一端带部分负电荷，就像磁铁的南北两极一样。水是一种很好的溶剂，能溶解许多物质，这是因为水作为极性分子可以吸引其他

科学词汇

亲水性： 对水分子有亲和能力的特性。

疏水性： 对水分子没有亲和能力的特性。

养分： 向细胞提供营养并帮助其自身生长或修复的物质。

蛋白质： 由氨基酸组成的生物大分子。蛋白质是许多细胞的结构成分。

蜜蜂分泌蜂蜡，并用蜂蜡构筑蜂巢。蜂蜡是不溶于水的固体脂类。

带电分子，并使这些带电分子互相分开。

非极性溶剂

非极性溶剂是由非极性分子构成的溶剂。由于电荷是均匀分布的，所以分子整体没有极性（没有电荷过剩的区域，无论正的还是负的）。典型的非极性溶剂有苯和乙醚。通常的规律是非极性物质易溶于非极性溶剂中。许多脂类是非极性的，并且绝大多数脂类在其结构中含有一部分非极性区域。另外，有些脂类还含有对其功能和行为表现具有重要影响的极性区域。

脂肪酸

脂肪酸是由碳原子数为 12 ~ 24 的碳链连接 1 个羧基（-COOH）组成的。饱和脂肪酸中的所有碳原子以单键连接，不饱和脂肪酸中则含有 1 个或多个碳-碳双键。双键意味着与碳链连接的氢原子数量变少。饱和脂肪酸中没有碳-碳双键，因此氢原子数目是饱和的（全部连接）。一些最常见的脂肪酸，其碳原子数为 16（棕榈酸）或 18（油

大多数食物中含有脂肪酸，例如，汉堡中的牛肉、奶酪和培根中所含的脂肪主要是饱和脂肪酸。大量摄入饱和脂肪酸会对身体产生危害，因为它们可以变成阻塞血管的物质。

酸），并且，天然脂肪酸中含有的碳原子数一般为偶数。

　　饱和脂肪酸的碳链是直链，这些脂肪酸分子可以较为整齐地堆积在一起。由于它们的紧密堆积，饱和脂肪酸在室温下更倾向于形成固体。动物脂肪含有较多的饱和脂肪酸，因此动物脂肪在室温下通常是固体。

　　不饱和脂肪酸中的碳原子间的双键能引起碳链的弯曲或扭转，弯曲会影响不饱和脂肪酸分子的紧密堆积，所以这类脂肪酸在室温下通常是油状的。植物脂肪和许多鱼类的脂肪大多是不饱和脂肪酸，因此它们在室温下是液体。

甘油三酯

　　虽然人类和其他动物以糖原的形式储存了一些能量，但是大部分能量是储存在脂肪细胞中的，脂肪细胞的主要成分是甘油三酯。甘油三酯是由含有 3 个碳原子的甘油分子与 3 个脂肪酸分子结合而成的。连接它们的键被称为"酯键"，酯键是在甘油的羟基（-OH）与脂肪酸的羧基之间形成的。许多

甘油三酯中的 3 个脂肪酸分子是相同的，但甘油三酯也可以连接不同的脂肪酸分子。人们从食物中摄入的许多脂肪和油脂是甘油三酯。

磷脂

　　甘油三酯是非极性物质，不溶于水。如果一个带电的磷酸基团（$-PO_4$）代替了其中的一个脂肪酸，那么就可以得到磷酸甘油酯。含有磷酸基团的脂类被统称为"磷脂"。磷脂分子中既有电中性的非极性区域（脂肪酸一侧），也有带电的极性区域（磷酸基团一侧）。磷酸基团中的氧原子与甘油分子相连，有时也与其他极性分子相连。

　　在水中，磷酸甘油酯的非极性"尾端"脂肪酸倾向于远离水分子，因为脂肪酸分子具有疏水性（排斥水分子）。

　　极性的"头端"磷酸基团则具有亲水

动物细胞

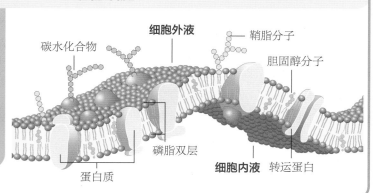

动物细胞中有一个由两层磷脂形成的结构，被称为"磷脂双层"。其他分子，如蛋白质，被嵌入由磷脂组成的膜中，作为对细胞有重要作用的物质通过膜流入细胞。这层膜同时还阻止有害物质进入细胞。

碳水化合物 | 细胞外液 | 鞘脂分子 | 胆固醇分子 | 磷脂双层 | 蛋白质 | 细胞内液 | 转运蛋白

性（吸引水分子）。水中的磷脂往往是球形的，因为非极性"尾端"聚集在内部，远离水分子，极性"头端"形成了球形的表面。

细胞膜

膜是一种薄层或覆盖物。生物体的细胞需要膜来保持其包含的成分，包括营养物

渗透

渗透是指水分子（黄色）从溶质浓度低的溶液运动到溶质浓度高的溶液的过程。这个过程发生在半透膜上，溶质分子则因为过大而不能通过半透膜。

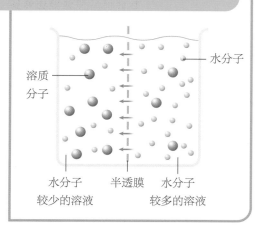

溶质分子 | 水分子 | 水分子较少的溶液 | 半透膜 | 水分子较多的溶液

质、各种分子及细胞核等功能结构。细胞膜是阻止细胞内成分"逃逸"到周围液体中的屏障。附着在细胞膜上或嵌入膜中的分子可以调节物质进出细胞的流动性。

细胞膜中有两层磷脂，即磷脂双层。亲水的磷酸基团形成膜的内外表面，疏水的脂肪酸形成膜的中间层。细胞膜中还含有嵌入磷脂双层的蛋白质等分子。细胞膜的结构不是坚硬的，磷脂和蛋白质可以从一个位置移动或流动到另一个位置。

细胞膜的一个重要职责就是控制穿过它的分子的流动。细胞膜可以阻止许多物质穿过它，但水分子比较小，可以通过扩散过程穿过磷脂双层。扩散是指分子随机运动直至均匀分布的现象。

渗透

存在浓度差时就会产生净流量。细胞内外的液体中含有多种溶于水的分子，细胞膜只允许某些分子（如水分子）通过它，具有上述性质的膜被称为"半透膜"。如果细胞膜一侧溶液含有的水分子比另一侧溶液含有的多，那么水分子就会穿过细胞膜向含有

水分子较少的一侧扩散。

最终，两侧会达到同样的浓度。水分子自发地通过半透膜扩散被称为"渗透"。细胞需要保持其内部浓度与外部浓度相等，否则就会有水分子通过细胞膜。失水会使细胞收缩，过多的水则会使细胞膨胀破裂，这两种情况都会损伤细胞。

膜转运

大的极性分子和某些高电荷分子需要协助才能穿过细胞膜。在很多情况下，需要一种特殊的嵌入式蛋白——转运蛋白作为通道，来帮助上述分子在特定的时间实现跨膜扩散。与大多数扩散过程一样，这些分子从高浓度区域向低浓度区域运动。但有时候细胞必须将分子从低浓度区域运送到高浓度区域，这种方式被称为"主动运输"，它需要能量才能进行。所需的能量来源于各种代谢过程。

类固醇

非极性分子很容易穿过细胞膜，因为它们可以进入并穿过细胞膜的非极性层。类

锻炼可以自然地增强肌肉，然而，一些运动员却被发现使用合成类固醇来加速这一过程。

类固醇的危害

合成类固醇是帮助肌肉生长的人工激素，有时候运动员会向身体里大量注射这类物质，企图增加肌肉数量，以提高运动成绩。这是一种危险的做法，它会造成精神问题和严重的身体伤害。绝大多数体育比赛，如奥运会，禁止运动员使用这类物质。

固醇是能够在多种情况下实现其功能的脂类，因为它们很容易实现跨膜扩散，从而进入细胞内部。类固醇通常是激素，这类化合物分子在血液中流动，将来自体内某一部位细胞的信息传递给另一部位的细胞。类固醇来源于脂类物质胆固醇，它的结构与甘油三酯和磷脂完全不同。类固醇由碳环稠合而成，其结构类似于网状围栏。

蛋白质和核酸

蛋白质和核酸是人体内最重要的分子，它们是构造皮肤、毛发和肌肉的结构分子，并且它们对人体功能和细胞繁殖至关重要。

生物化学分子一般是大而复杂的，但通常它们是由一些比较简单的单元连接在一起构成的。例如，蛋白质本质上是一连串的氨基酸。一些被称为"酶"的蛋白质使反应能够迅速发生，足以维持生命的进程；其他蛋白质，如角蛋白，则形成了动物角或指甲的坚硬结构。

氨基酸

无论功能如何，所有的蛋白质都是由一系列氨基酸组成的。之所以被称为氨基酸，是因为它们的分子中都含有两个原子基团——氨基和羧基。虽然氨基酸的种类有200多种，但大多数生物体中的蛋白质仅由20种氨基酸组成。它们是丙氨酸、精氨酸、天冬酰胺、天冬氨酸、半胱氨酸、谷氨酸、谷氨酰胺、甘氨酸、组氨酸、异亮氨酸、亮氨酸、赖氨酸、蛋氨酸、苯丙氨酸、脯氨酸、丝氨酸、苏氨酸、色氨酸、酪氨酸和缬氨酸。不同的蛋白质中含有不同数量的氨基酸。用于肌肉收缩的肌联蛋白是目前已知的最大的蛋白质，它是由大约2.5万个氨基酸组成的长链。

肽

肽是由2个或2个以上（不超过50个）的氨基酸通过共价键结合在一起形成的聚合物。蛋白质是由一系列肽组成的，而肽键是通过缩合反应形成的，形成肽键的反应需要脱去水（H_2O）分子。该水分子来源于一个氨基酸中羧基带有的羟基（-OH）和另一个氨基酸中氨基带有的氢，侧链取代

什么是氨基酸

氨基酸由中心碳原子（α-C）和连接在其上的4个取代基组成。取代基分别是：

（1）氢（H）原子；
（2）羧基，-COOH（在水中，这个酸性基团常失去其带正电荷的氢原子而变成COO^-，即羧酸根离子）；
（3）氨基，$-NH_2$（在水中，这个基团常获得1个氢原子而变成NH_3^+）；
（4）侧链取代基，通常标记为R、R_1、R_2等。

氨基酸因侧链取代基的不同而不同。例如，甘氨酸的侧链取代基为-H，而蛋氨酸的侧链取代基为H_3C-S-CH_2-CH_2。

毒蛇的毒液是数百种蛋白质的混合物。这种响尾蛇的毒液能引起组织损坏和血液凝固。

肽

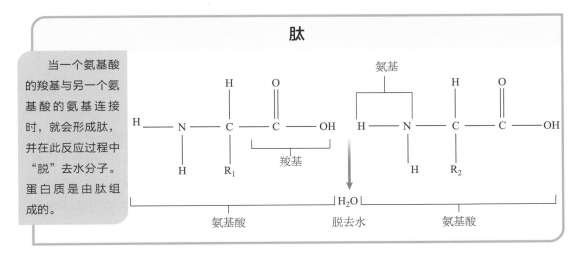

当一个氨基酸的羧基与另一个氨基酸的氨基连接时，就会形成肽，并在此反应过程中"脱"去水分子。蛋白质是由肽组成的。

氨基酸 脱去水 氨基酸

基不参与反应。氨基酸中主要含有碳（C）元素、氢元素、氧（O）元素和氮（N）元素，这些元素在生物化学中都是十分重要的，约占人体组成成分的95%。

序列与功能

蛋白质结构对其功能是至关重要的。有些蛋白质是扁平的，有些则折叠成球状，所有的蛋白质都具有三维结构，这是它们实现自身功能所必需的。蛋白质的结构取决于组成蛋白质的氨基酸序列。

蛋白质的分子结构分为四级——一级结构、二级结构、三级结构和四级结构。氨基酸的排列顺序是蛋白质的一级结构，它决定了蛋白质的形状。氨基酸之间相互作用形成了较弱的氢键，这些氢键决定和保持了蛋白质的形状，或者说蛋白质的二级结构。这是因为氨基酸的位置能决定氢键出现的位置，是这些氢键使蛋白质发生扭转进而形成α-螺旋或β-折叠的。蛋白质的三级结构则反映了α-螺旋和β-折叠构建蛋白质形状的方式。在某些蛋白质中，这种形状还可以被单独的氨基酸链所改变，其中的每个氨基酸链都有自己的三级结构。这些氨基酸链再次改变分子后，赋予了蛋白质最终的四级结构。

尽管蛋白质是大分子，但它们还是太小了，就算使用高倍显微镜也看不到。科学家需要借助 X 射线晶体学的相关技术才能观察到蛋白质结晶形态的三维图像。

许多蛋白质可以溶于水，它们大多是球状的，且具有多种功能。血红蛋白就是一个例子，它是哺乳动物血液中的一种蛋白质。血红蛋白可以携带氧为身体细胞提供营养，它有 4 个亚基（单独的链），并且含有 4 个

甘氨酸

甘氨酸是最简单的氨基酸，其侧链上只有 1 个氢原子。大多数蛋白质只含有少量的甘氨酸。

亚铁离子，每个亚铁离子都能与氧结合。

有些蛋白质则不溶于水，这类蛋白质通常由长棒状或纤维状的结构组成。例如胶原蛋白，它是一种常见的蛋白质，人体中大约有1/3的蛋白质是胶原蛋白。胶原蛋白能够增强皮肤和其他组织的性能，它不溶于水的性质对其功能的实现来说是必不可少

的——如果皮肤会溶解在雨水中，那么它就没有什么用处了！

核酸

碳元素在生物化学中至关重要，因为它能够形成长分子链。蛋白质也是生物化学中十分重要的一类分子。此外，另一类重要的分子是核酸。

核酸是由一系列以化学键连接的核苷酸分子构成的。核苷酸分子由3个基本部分组成：磷酸，由1个磷（P）原子和4个氧原子构成（PO_4^{3-}）；戊糖，如核糖（$C_5H_{10}O_5$）；还有含氮碱基。含氮碱基有两种类型——嘌呤和嘧啶。嘌呤的结构是1个五元环稠合1个六元环，嘧啶的结构是1个六元环。核酸储存和传递每个细胞发挥作用所必需的信息。核酸主要有两大类：核糖核酸（RNA）和脱氧核糖核酸（DNA）。

RNA

RNA核苷酸中的糖是核糖，其碱基是

嘌呤

被称为"嘌呤"的含氮碱基，如腺嘌呤和鸟嘌呤，是核苷酸的组成部分。嘧啶也是核苷酸的组成部分

嘌呤

腺嘌呤　鸟嘌呤

嘧啶

胸腺嘧啶　尿嘧啶　胞嘧啶

试一试

果味 DNA

取猕猴桃削皮，将果肉切成小块儿，放入量杯中。取3克食盐、10毫升洗洁精、100毫升水，混合并搅拌均匀。将上述混合物加入盛有水果块儿的量杯中，让混合物静置15分钟。再将量杯放入一锅热水中，维持15分钟。

用厨用滤网过滤，之后将量杯中的绿色液体倒入一个玻璃杯中。小心地将冷冻过的变性酒精倒在置

于玻璃杯上方的勺子背面，它会在绿色液体之上形成一层紫色液体。静置不少于30分钟。变性酒精应小心处理，绝对不可以食用。

你将会发现，在绿色液体和紫色液体之间出现了一层白色物质，这就是猕猴桃的DNA，你可以用铁丝圈或叉子将其取出。

在下层绿色液体与上层紫色液体之间，猕猴桃的DNA呈一白色薄层。

DNA 的正常结构为双螺旋结构。DNA分子的两条单链像螺旋上升的梯子一样相互缠绕。双螺旋结构是因为两条单链上的碱基之间形成了弱键，即一条链上的嘧啶与另一条链上的嘌呤配对相连。双螺旋结构是一种稳定的分子结构，它使得 DNA 能长期存在而不发生断裂。

基因

DNA 片段及其携带的碱基序列形成了基因。DNA 中的一部分序列是基因，而另一部分序列则调控着对这些信息的获取。每个 DNA 的双链螺旋盘绕在自身周围，在细胞核内形成了一条染色体。生物体有不同数量的染色体——人类有23对（46条），老鼠有20对（40条），黑猩猩有24对（48条）。每对染色体均为一条来自母亲，一条来自父亲。

每种类型的动物和植物都有一组独特的基因，这些基因决定了它们细胞、组织和器官的结构与功能。遗传差异是物种间或物种内个体在外表和行为上产生变异的主要原因。

核苷酸

核苷酸有 3 个主要部分：含氮碱基、戊糖和磷酸（由 1 个磷原子和 4 个氧原子构成）。

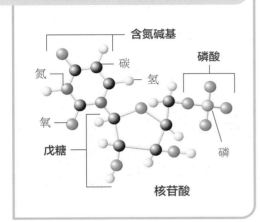

腺嘌呤（A）和鸟嘌呤（G），两者都是嘌呤；胞嘧啶（C）和尿嘧啶（U），两者都是嘧啶。RNA 分子通常是利用缩合反应连接而成的单链核苷酸，RNA 结构中最重要的是碱基的序列。

核酸是因其与细胞核的关联而得名的，细胞核是细胞内保存基因（遗传）信息的细胞结构。RNA 并不总是停留在细胞核内。RNA 分子有 3 种：信使 RNA（mRNA），它携带信息从细胞核进入细胞；核糖体 RNA（rRNA），它有助于 mRNA 制造新的蛋白质；转运 RNA（tRNA），它有助于翻译 mRNA 所携带的信息。

DNA

DNA 核苷酸中的糖是脱氧核糖，除少一个氧原子外，它的结构与核糖的相同。除尿嘧啶被胸腺嘧啶（T）替代外，其余碱基也与 RNA 的相同。长链核苷酸构成了 DNA 分子。

科学词汇

氨基酸：由 1 个羧基和 1 个氨基连接在同一碳原子上形成的化合物，它是蛋白质的组成部分。

角蛋白：一种能形成指甲、角等结构的蛋白质。

核苷酸：由含氮碱基、戊糖和磷酸组成的分子。

蛋白质：由氨基酸组成的生物大分子。蛋白质是许多细胞的结构成分。

代谢途径

新陈代谢是生物体内全部有序化学变化的总称。而生物体细胞内将一种物质通过一系列酶的顺序作用而转化成另一种代谢物的反应序列就是代谢途径。

新陈代谢产生的最重要的变化之一就是将食物转化为能量。人们不仅在奔跑和跳跃时需要能量，甚至在进行阅读和思考等平静活动时也需要能量。这是因为细胞需要能量来维持这些活动，以及许多其他活动。人体所需的能量来自食物，在食物变成能量被利用前，人体必须先将食物分解。

能量

能量总是守恒的，它不会消失，但可以转化为其他形式。化学能是储存于系统内的能量，而动能和热能是与运动有关的能量。将化学能转变为热能或动能的化学反应是放热反应。相反的反应则被称为"吸热反应"。如果说一个反应是"消耗能量"的，那么通常是指该反应会将动能转化为化学

酶参与化学反应。在制作冰激凌的过程中，乳糖酶可以赋予冰激凌更甜的味道和更平滑的口感。未使用乳糖酶制作的冰激凌给人的口感是"沙质的"。

能。放热反应更容易发生，且一旦开始，大多数不需要任何推动就能继续进行。这个过程与扩散过程类似。放热反应的一个例子是汽油在氧气中燃烧。

吸热反应一般需要热能或动能的"输入"才能进行。这类反应将热能转化为化学能，并将其储存在反应中生成的化学物质及其化学键中。吸热反应的一个例子是氨气（NH_3）转化为氮气（N_2）和氢气（H_2）的反应。

细胞内有些反应是放热反应，有些反应是吸热反应。细胞管理其能量"收支"的方式是使用一个中间分子——当细胞内发生放热反应时，细胞可以"生成"这种分子用以储存反应释放的能量；当细胞内发生吸热反应时，细胞可以"消耗"这种分子用以给反应提供能量。这里起到中间作用的分子是腺苷三磷酸（ATP）。

腺苷三磷酸

ATP是由腺嘌呤、核糖及3个磷酸组成的。细胞必须维持足够水平的ATP分子才能生存。细胞通过向腺苷二磷酸（ADP）中添加一个磷酸来生成ATP，此反应被称为"磷酸化"。

ATP通常被认为是细胞的"能量货币"，它是能量交换的介质，就像交换商品或服务时使用的货币一样。分子末端连接磷酸基团的化学键中含有能量，当反应需要吸热时，ATP分子会参与这个过程。此时，ATP分子被分解，储存在其化学键中的能量就会被释放出来。

在ATP的帮助下，生物化学反应会随着对其生成物的需要而发生。然而，仅仅提供能量并不足以维持生命。细胞中的化学反应速率还必须达到一定要求，所以，细胞需要酶来催化（加速）反应，并以此来控制生成物的产生速率。

酶

大多数酶是水溶性的球状蛋白质，它们或漂浮在细胞周围，或附着在细胞的某

试一试

酶和苹果

成熟的苹果中含有多种酶，有一种被称为"多酚氧化酶"。这种酶加快了氧与苹果中某些化合物的反应，反应生成深色的生成物，使苹果变为褐色。与所有的反应一样，由酶催化的反应，其反应速率也受温度的影响。自己动手测一测吧。

将一个苹果切成两半，一半放入冰箱中，另一半置于室温下。每隔20分钟观察1次，持续2个小时。通过观察苹果颜色的变化，了解不同条件下的反应速率。

些部位。酶参与反应，可以使反应更快地进行，但反应不会改变酶本身。酶可以多次参与反应，但是其化学性质保持不变。

几乎在所有的情况下，一种酶只催化一个特定的反应，酶的这种特点被称为"特异性"。酶与底物（反应中发生变化的反应物之一）结合，并将其固定在适当的位置和状态。酶通常以其催化的反应或与之结合的反应物命名，名称后缀以"酶"（-ase）结尾。例如乳糖酶，它可以催化牛奶中的

腺苷三磷酸

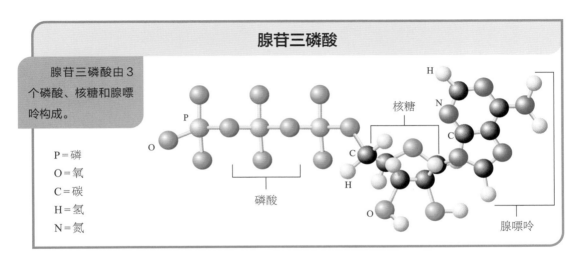

腺苷三磷酸由3个磷酸、核糖和腺嘌呤构成。

P = 磷
O = 氧
C = 碳
H = 氢
N = 氮

核糖

磷酸

腺嘌呤

糖酵解

糖酵解是葡萄糖分解的一系列生物化学反应。能量以腺苷三磷酸（ATP）的形式储存起来。为了使反应的第1步和第3步能顺利进行，需要将ATP引入参与反应的葡萄糖中，ATP提供的能量被称为"活化能"。之后还有一系列的反应。糖酵解的最终产物是丙酮酸和ATP，如果糖酵解从1个葡萄糖分子和2个ATP分子开始计算，那么其结果是2个丙酮酸分子和4个ATP分子。

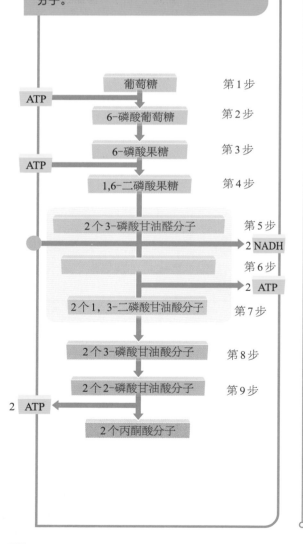

葡萄糖	第1步
ATP →	
6-磷酸葡萄糖	第2步
6-磷酸果糖	第3步
ATP →	
1,6-二磷酸果糖	第4步
2个3-磷酸甘油醛分子	第5步
→ 2 NADH	
	第6步
→ 2 ATP	
2个1,3-二磷酸甘油酸分子	第7步
2个3-磷酸甘油酸分子	第8步
2个2-磷酸甘油酸分子	第9步
2 ATP ←	
2个丙酮酸分子	

啤酒制造者通过发酵制作啤酒。酵母被添加到麦芽、啤酒花和水的混合物中，发酵会产生能量、二氧化碳和啤酒。

乳糖分解。

碳水化合物的分解代谢

酶加速了身体内的多种反应，其中一些最重要的反应涉及碳水化合物的分解代谢，这个过程通过生成ATP分子储存能量。脂肪和蛋白质也提供能量，但碳水化合物是人体最容易消化的食物种类。一顿饭后，消化系统切断了多糖分子中的化学键，将其转化为葡萄糖分子或果糖分子，这些分子被运送到身体的各个部位，随后开始了生成ATP的过程。

糖酵解

身体细胞内碳水化合物分解代谢的第一个途径是糖酵解。这一系列 9 个不同的反应将 1 个六碳的葡萄糖分子分解成 2 个三碳的丙酮酸分子，该过程还生成两个 ATP 分子和 2 个还原型烟酰胺腺嘌呤二核苷酸（NADH）分子。NADH 是另一种能有效地将能量储存在其化学键中的生物化学分子。NADH 分子将在后文中介绍的另一条途径中发挥重要作用。

糖酵解是一个无氧过程，意味着它不需要氧气。然而，糖酵解仅释放出葡萄糖分子中 2% 左右的能量，这意味着糖酵解的生成物中还遗留了大量的能量。

糖酵解后留下的能量通常不会被浪费。许多生物体，包括人，通过有氧途径从糖酵解的生成物中提取额外的能量；也有些简单的生物体，如细菌或酵母菌，通过被称为"发酵"的厌氧过程提取额外的能量。例如，某些微生物从谷物或水果中提取能量，并产生二氧化碳和乙醇（酒精），这是啤酒和葡萄酒制造者千百年来都在利用的过程。运动时，我们的肌细胞也有可能发生发酵过程。

储存能量

我们摄入的食物提供了葡萄糖，这是糖酵解的起点。我们的细胞不断地需要能量，特别是在活性较高的时候，但是我们却不需要经常吃东西。身体是通过以下几种方法维持葡萄糖水平的。一种方法是分解糖原，糖原是由多个葡萄糖分子结合在一起的多糖分子；另一种方法则是通过糖异生维持葡萄糖水平。

线粒体

人和动物体内的大多数细胞具有一个有氧代谢途径，用来从糖酵解生成物中提取更多的能量。这一系列反应发生在细胞内被称为"线粒体"的结构中。线粒体有内膜和外膜，一般呈杆状或圆柱状。

柠檬酸循环

有氧代谢的途径被称为"柠檬酸循环"（又称"三羧酸循环"）。这一系列反应需

脂肪和健康问题

脂肪细胞的大部分体积被脂肪占据。脂肪给身体增加了大量的重量，会使运动更加困难。过多地储存脂肪还会导致高血压和心脏病等健康问题。唯一确定的减肥方法是减少食物摄入并增加运动量。较低的食物摄入量会迫使身体消耗储存的能量，而在锻炼等剧烈活动期间，身体又会增加甘油三酯的使用量。

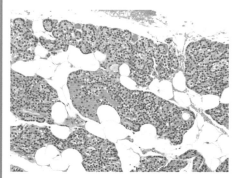

脂肪细胞的这种白色区域为脂肪即甘油三酯的沉积，紫色区域为细胞的细胞核。

要借助结构稍做修改的糖酵解生成物，摄取更多的能量。此过程利用氧气并放出二氧化碳，这也是我们需要吸入氧气并呼出二氧化碳的原因。

当糖酵解生成物丙酮酸继续发生反应时，糖酵解就会过渡到柠檬酸循环。反应先将丙酮酸变成一个乙酰基（-COCH₃），再将其与一个被称为"辅酶 A"（CoA）的分子连接，得到柠檬酸循环的起始原料乙酰辅酶 A。

柠檬酸循环具有周期性，因为草酰乙酸在循环中既是起点又是终点。该途径是一个由八步反应组成的回路，每一步反应都是由一种酶催化的。

柠檬酸循环中只有一步反应直接生成 ATP，且只生成 1 个 ATP 分子。柠檬酸循环的其他生成物还有 3 个还原型烟酰胺腺嘌呤二核苷酸分子和 1 个还原型黄素腺嘌呤二核苷酸（$FADH_2$）分子。NADH 和 $FADH_2$ 是还原剂，这意味着它们在化学反应中会失去电子。它们把这些原本来自葡萄糖分子的电子给了作为氧化剂的受体。在此过

细胞呼吸

细胞内的能量生产过程被称为"细胞呼吸"，它主要发生在线粒体中。线粒体被两层膜包围，通常呈香肠状。当丙酮酸分子进入线粒体后，基质中发生一系列反应，这些反应会产生 ATP。

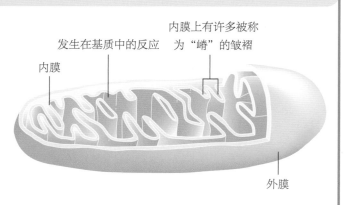

发生在基质中的反应

内膜

内膜上有许多被称为"嵴"的皱褶

外膜

程中，NADH 和 FADH$_2$ 被氧化，分别生成 NAD$^+$ 和 FAD（NAD$^+$ 和 FAD 也参与柠檬酸循环，它们再分别被还原成 NADH 和 FADH$_2$）。嵌入线粒体内膜的分子是沿着一条链传递电子的，这条链被称为"电子传递系统"。

电子传递

当电子沿电子传递链移动时，电子传递系统从电子中获取能量，而所获得的能量可以将氢离子泵过内膜。当氢离子再扩散回来时，它的运动将驱动 ATP 合成酶，这种酶能使 ADP 增加 1 个磷酸进而生成 ATP。电子传递系统通常可以使 1 个葡萄糖分子产生 32 个 ATP 分子。

糖酵解、柠檬酸循环和电子传递系统产生的 ATP 总量为：每个初始葡萄糖分子平均产生 36 ~ 38 个 ATP 分子，这大约占可用能量的 40%。

汉斯·克雷布斯

汉斯·克雷布斯（Hans Krebs，1900—1981）出生于德国。他研究医学，并因为自己的研究工作而颇有名望。1933 年，他因自己的犹太人身份而被纳粹政府解雇。此后，克雷布斯移居英国。20 世纪 30 年代末，他利用自己在酶和化学反应方面的专业知识，揭开了柠檬酸循环（克雷布斯循环）的秘密。1953 年，他因对生物化学的杰出贡献而与其他科学家一起荣获诺贝尔生理学或医学奖，1958 年他又被封为爵士。

科学词汇

碳水化合物： 一种由碳、氢和氧三种元素组成的生物分子，包括糖类、淀粉和纤维素。
酶： 一种能加速生物体内化学反应的物质，大多数是蛋白质。
脂肪酸： 分子中带有羧基的脂肪族有机酸类的总称。
水解： 物质与水反应产生的分解作用。
甘油三酯： 人体中储存脂肪的主要形式，是生物体储存的浓缩食物能量。

脂肪酸代谢

脂肪是丰富的能量来源，它提供的能量是同等质量的碳水化合物的两倍以上。来自食物的一部分能量并不是即刻就需要使用的，身体将这些能量以甘油三酯的形式储存在脂肪细胞中。甘油三酯根据生物体的需要被"燃烧"，特别是在运动期间。

甘油三酯可以产生大量能量，例如，一种被称为"棕榈酸"的脂肪酸分子能产生 129 个 ATP 分子。

氨基酸代谢

柠檬酸循环是重要的，不仅体现在分解分子（分解代谢）和提取能量方面，还体现在合成反应（合成代谢）中。柠檬酸循环既参与氨基酸的合成，也参与氨基酸的分解。

氨基酸的首要功能是合成蛋白质。日常饮食中过量的氨基酸不会被身体储存，它们中的一部分可以分解为参与柠檬酸循环的物质，随后这些生成物被氧化，并被用作能量来源。在长时间没有食物摄入的情况下，身体会开始分解自身的蛋白质，并将产生的氨基酸转化为能量，以维持生命。相反的反应也可以发生，此时，经过酶的催化，参与柠檬酸循环或其他代谢途径的分子将变成氨基酸分子。

核苷酸是身体中许多重要物质（如 RNA 和 DNA）的组成成分。然而，与许多生命分子不同的是，我们从日常饮食中并没有获得很多这类必不可少的核苷酸，反倒是几种氨基酸代谢途径参与了核苷酸的制造。

光合作用

分解葡萄糖并生成 ATP 的过程释放了大量的化学能（葡萄糖分子中储存的能量）。能量不会凭空产生或消失，只能从一种形式变为另一种形式。制备葡萄糖分子也需要消耗大量的能量，这些能量来自阳光。

光合作用

光合作用发生在叶绿体中，叶绿体是植物细胞内的微小器官，它们使叶子呈现绿色。在叶绿体中，叶绿素吸收阳光，光反应能产生 ATP 和 NADPH。在叶绿体的其他部位，一系列的暗反应将空气中的二氧化碳固定并生成碳水化合物。光合作用的化学方程式为：

$$6CO_2 + 6H_2O + 光 \rightarrow C_6H_{12}O_6 + 6O_2$$

光合作用利用光能将二氧化碳和水转化为碳水化合物（葡萄糖）和氧气。植物利用阳光中的能量，将其转化为化学能和氧气来进行光合作用。

动物则从逆过程中获得能量，即断开碳水化合物的化学键，产生能量、二氧化碳和水。

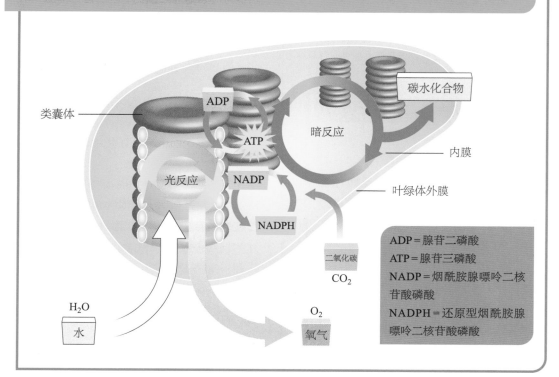

类囊体

ADP

ATP

光反应

NADP

NADPH

暗反应

碳水化合物

内膜

叶绿体外膜

二氧化碳
CO$_2$

H$_2$O
水

O$_2$
氧气

ADP = 腺苷二磷酸
ATP = 腺苷三磷酸
NADP = 烟酰胺腺嘌呤二核苷酸磷酸
NADPH = 还原型烟酰胺腺嘌呤二核苷酸磷酸

代谢途径

　　光合作用是绿色植物、藻类、少数细菌和其他一些单细胞生物的代谢途径。"光"在这里是"光照"的意思，"合"是指利用光能来制造或合成物质。光合作用生成了碳水化合物，它们最终成为食物，为地球上所有的生物提供养料。

　　光合作用始于被称为"叶绿素"的吸光分子，另外还涉及一些别的吸光物质。叶绿素及其相关分子存在于植物细胞的叶绿体内。许多植物细胞具有这个结构，但它们在叶片中尤其活跃。

　　植物利用阳光产生 ATP 和电子载体分子——还原型烟酰胺腺嘌呤二核苷酸磷酸（NADPH）。之后发生的一系列反应被称为"暗反应"（因为它们不需要光）。这些暗反应涉及卡尔文循环，该循环因其发现者——美国化学家梅尔文·卡尔文（Melvin Calvin，1911—1997）——而得名。最终，通过一系列反应，植物以碳水化合物分子这一更稳定的形式将化学能储存起来，以备将来使用。

植物需要利用氮元素来制造蛋白质。大多数植物从生长的土壤中获取氮元素，然而，由于捕蝇草生活在土壤含氮量较低的沼泽中，所以它们的行为方式是颇与众不同的。捕蝇草是直接从捕捉到的昆虫中获取氮元素的，并在其多刺的叶子中将昆虫消化。

树木和其他绿色植物利用阳光以二氧化碳和水为原料生成碳水化合物，这一过程被称为"光合作用"。同时，此过程还产生动物维持生命所需要的氧气。

科学词汇

ATP： 生物体内携带化学能的核苷酸衍生物，它由腺嘌呤、核糖和 3 个磷酸组成。

核苷酸： 由含氮碱基、戊糖和磷酸组成的分子。

制造分子

细胞内或围绕细胞的化学反应制造了生命活动所需的大部分关键分子，包括储存和解读基因或遗传信息所需要的分子。

19 世纪之前，许多人认为，人体和其他生物体中发生的化学反应，不同于化学家实验室中发生的化学反应。一些人认为，有一种特殊的力量参与了生物化学分子的生成，而且这种力量只存在于生物组织中。如果事实如此，那么就没有办法在生物组织以外合成生物化学分子。然而，1828 年，德国化学家弗里德里希·维勒合成了蛋白质代谢的生成物——尿素。尿素是通过尿液排出的。不久之后，化学家又在实验室中合成了许多其他有机化合物，这也就证明了，生成这类化合物并非必须借助生命的力量。

合成氨基酸

氨基酸是蛋白质的结构单元。生成大多数生物体内的蛋白质需要 20 种不同的氨基酸，对于人类来说，这些氨基酸中有 11 种是可以在体内合成的。有时候也可能合成更多种类或更少种类的氨基酸，这是由儿童

弗里德里希·维勒

弗里德里希·维勒是德国化学家，自 1836 年起至去世一直在瑞典格丁根大学任教授。他是一位敬业的老师，常常从一大早就开始上课。他还撰写了多本化学教科书。通过利用无机盐氰酸铵合成有机化合物尿素，维勒证明了支配生物化学分子的原理与支配其他物质的原理是相同的。维勒还分离出了铝元素和硅元素。

新生的菜豆植株怎么知道应该如何生长？答案在菜豆的种子里。菜豆的种子里包含了生成菜豆植株的所有信息和说明。

和成人间的差异，以及替代途径的存在造成的。

人体所能合成的 11 种氨基酸被称为"非必需氨基酸"，因为它们在饮食中不是必不可少的。这类氨基酸通常是利用参与其他代谢途径的物质，特别是参与柠檬酸循环的化合物得到的。谷氨酸和谷氨酰胺是人体自身可以合成的两种氨基酸，它们是生成许多非必需氨基酸和其他重要分子的原料。这两种氨基酸如此重要，以至于所有的生物体内都含有谷氨酸脱氢酶和谷氨酰胺合成酶，它们分别催化谷氨酸和谷氨酰胺的合成。

固氮作用

氮（N）元素是人们从食物中获取的氨基酸的重要组成部分，它的最初始的来源几乎都是植物。植物从空气中获取氮（空气中约 78% 为氮气）。存在于土壤中或附着在某些植物根部的细菌可以"固定"氮（将氮元

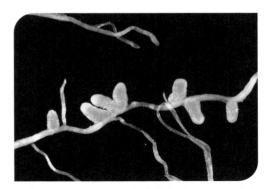

图中豌豆根部的粉红色根瘤中充满了细菌，这些细菌从空气中获取氮，并将其转化为植物可以用来生成蛋白质的有机化合物形式。

素引入可以利用的化合物中）。固氮作用涉及空气中的氮向氨（NH_3）的转化。这一过程是在固氮酶的帮助下进行的。氨分子快速电离后，植物利用得到的活性物质合成氨基酸和其他含氮分子。与光合作用及碳水化合物的生成一样，植物的固氮作用对地球上其他生物也是至关重要的。

制造脂膜

膜将细胞内容物与周围溶液分隔开，并且调节着分子进出细胞的运动。细胞膜主要是由被称为"磷脂"的脂类物质构成的。机体必须确保有足够数量的磷脂来形成和维持其组织。

虽然膜可以被分解和回收，但是它的合成依然很重要。磷脂酸是一种简单的磷酸甘油酯，也是一种常见的磷脂类型。磷脂酸参与了几种更复杂的磷酸甘油酯的合成，后者是细胞膜的组成部分。磷脂酸还常常参与

甘油三酯的合成。磷脂酸本身来自3-磷酸甘油，经过了一系列涉及辅酶A的反应而产生。辅酶是协助某些酶发挥作用的小分子，字母A代表的是该分子在酶发挥作用时提供的一种有机基团。辅酶A在柠檬酸循环中也扮演了重要角色。

合成核苷酸

核苷酸是脱氧核糖核酸（DNA）和核糖核酸（RNA）的结构单元，这些分子携带着遗传信息。旧的核苷酸经常被回收，当细胞拆解旧的或不需要的RNA和DNA时，拆解得到的核苷酸通常还会生成新的RNA或DNA。对于核苷酸，从基本成分合成会比回收旧分子消耗更多的细胞能量，但有时候，从头合成也是必需的。

遗传信息

构成RNA和DNA的核苷酸长链是细胞储存遗传信息及执行指令过程中不可缺少的部分。遗传信息的储存、维护和作用过程涉及大规模且精确的分子合成。RNA和DNA中核苷酸的碱基序列包含了合成这些

科学词汇

核酸：分别由核苷酸或脱氧核苷酸连接而成的具有非常重要的生物功能的一类生物大分子。

维生素：生物体维持正常运转所需要的一类物质。

长链分子必需的信息。细胞以这些序列为模板，合成了许多不同的蛋白质，这些蛋白质是细胞实现其功能所需要的。遗传信息的传递是从携带该信息的 DNA 传向 RNA 的，之后这些信息又被传递给合成蛋白质的酶。

人类细胞的大部分 DNA 位于细胞核中，细胞核是细胞的中心结构。组织的生长涉及细胞分裂，因为细胞的增殖和新组织的形成都是通过一个细胞分裂为两个细胞来实现的。当一个细胞分裂时，它的 DNA 必须复制自身，以保证新形成的细胞与母细胞具

有相同的 DNA。

DNA 复制

复制 DNA 的过程涉及合成新的 DNA，这种合成并不是随机的。因为 DNA 的碱基序列包含着信息，所以必须尽可能地保存它。序列必须被准确地复制，否则就会产生错误的蛋白质。

在分裂之前，细胞会先复制自己的 DNA，并形成 X 形结构，即染色体。染色体是携带遗传信息的、长而卷曲的 DNA 链。碱基序列的复制需要拆分 DNA 的双螺旋结构，这并不困难，因为两条链是以较弱的氢键结合的，而不是以很强的共价键结合的。被拆分之后，每一条链都成为构建其双螺旋结构互补链的模板。一种被称为 "DNA 聚合酶" 的大分子与每条链结合并连接适当的核苷酸，慢慢地沿着链向下移动。之所以如此称呼这种酶，是因为它有助

这个营养金字塔展示了健康饮食中不同的食物种类，以及每种食物所需要的相对量。额外的糖和脂肪只能少量食用。

于聚合 DNA 中的核苷酸，也就是说它能催化使核苷酸连接在一起形成聚合物的反应。酶催化结束后，如果复制过程没有错误，就会得到两个相同的双螺旋 DNA 分子。

双螺旋 DNA 分子中的每一条链都可以作为模板，因为两条链是互补的——一条链的序列就决定了另一条链的序列。这是因为腺嘌呤（A）总是与胸腺嘧啶（T）连接，胞嘧啶（C）也总是与鸟嘌呤（G）连接，这使得双螺旋结构非常稳定。如果你知道双螺旋中一条链的序列，那么你就可以确定另一条链的序列。例如，序列 AAGCAT 的互补链就是 TTCGTA。

DNA 修复

很多时候，DNA 聚合酶能正确地连接核苷酸碱基。然而，有时它也会出错，导致 DNA 双螺旋中的碱基对出现错配：A 没有和 T 连接，或 C 没有和 G 连接。如果 DNA 分子受损，序列也会发生意外的变化：也许某个容易参与化学反应的分子使得其中一个核苷酸发生变化，或者辐射作用于 DNA，使分子发生了断裂。DNA 序列的变化被称为"突变"。

由于细胞依赖于 DNA 序列中包含的信息，因此必须设法纠正复制中的错误。互补链是有助于检测错误的，因为在许多错配的碱基对中，其中一个核苷酸碱基是正确的，另一个碱基则发生了偶然的改变或复制错误。弄清哪个碱基是正确的并不总是容易的，因为有时候错误的碱基已经发生了化学改变。新复制的链通常会被给予化学标记，这样细胞就知道哪条链最有可能包含复制错误。细胞中酶的催化作用可以检测和纠正序

凝胶电泳

这项技术可以用于分离蛋白质或核酸的混合物。蛋白质和核酸的分子体积较大、质量较重，且带有在溶液中能形成离子的化合物侧链。当电流通过溶液时，离子向着带有相反电荷的电极移动。

将几滴蛋白质或核酸的混合溶液点样于凝胶板上，凝胶板一端为正极，另一端为负极。当施加电流时，带电分子被电极吸引或排斥。凝胶的作用就像分子筛，根据分子的质量将分子分离开来。最轻的分子以最快的速度通过凝胶，并且最接近相关电极。设定一段时间后，关闭电流，用染色液冲洗平板，分子被显示为一系列的条带或斑点。凝胶上的斑点可以被取样和进行化学检测，以确定蛋白质或核酸的种类。

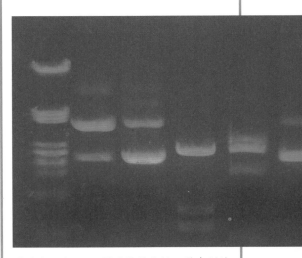

显示有六个 DNA 样品的凝胶板。最左侧的一列是已知的标记混合物，供对照使用。不同的条带代表了不同大小的片段，条带越亮，表示其样品浓度越高。

科学词汇

碱基对： 核酸链中一对互相匹配的碱基被氢键连接。

双螺旋： DNA 分子的形状，它像一个扭曲的梯子。

聚合酶： 一种以 DNA 或 RNA 为模板生成核苷酸聚合物（长链）的酶。

DNA 微阵列

人类大约有 2.3 万个基因。研究细胞的一种方法是检查它表达（转录）的特定基因。被称为"DNA 微阵列"的工具中含有大量的单链 DNA 基因或基因片段，它们附着在小的载玻片或膜上。当细胞的内容物被倾注在微阵列上时，特定的 mRNA 分子将与微阵列上相应的基因结合。微阵列给科学家提供了一种快速确定哪些基因已经被表达的方法，因为每个基因在载玻片上的位置都是已知的。

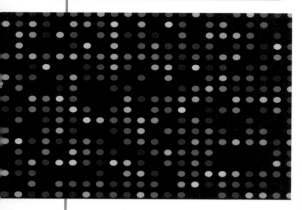

DNA 微阵列，有时候被称为"生物芯片"，由载有 DNA 点的载玻片组成。每个点都包含不同的 DNA 片段，它将与被测样品中的特定基因结合。DNA 微阵列经激光扫描后能凸现已经反应的点。显现的颜色则指示了样品中存在的基因。

列错误。有些错误能被发现和纠正，但不是全部的错误都能被发现和纠正。

基因和 DNA

极其重要的 DNA 序列形成了基因，它是遗传信息的单位。基因能控制或影响诸如眼睛颜色、身高和某些类型的行为倾向等一系列特征。基因是通过编码特定的蛋白质来实现这一点的。蛋白质实现了细胞的许多功能，还涉及了细胞的结构特性，所以这些蛋白质的数量和类型极大地影响了细胞的行为和相互作用。细胞的行为进而又影响着生物体的特征。

酶通过"读取"基因序列来制造相应的蛋白质。首先，细胞中的一组分子复制了位于细胞核内的 DNA 序列。然后，被称为信使 RNA（mRNA）的特殊 RNA 分子携带这些信息流出细胞核，再传递给负责合成蛋

这种松鼠是白色的，它的眼睛是粉红色的，因为它的基因中缺少普通灰松鼠毛发和眼睛颜色的编码。母体把这些特征遗传给了幼体。

60

白质的分子。产生这些 mRNA 分子的过程被称为"转录"。

转录

RNA聚合酶催化了 mRNA 的合成，DNA则为其提供了模板。RNA 聚合酶首先与被称为"启动子"的 DNA 序列结合，启动子将酶定位于正确链的正确位置上，并引导它沿着正确的方向读取代码。这一过程类似于DNA 复制，因为 RNA 聚合酶也生成了互补链，并将信息保存在了基因序列中。然而，由于合成的链是 RNA，且 RNA 不使用胸腺嘧啶，因此尿嘧啶（U）取代了序列中的胸腺嘧啶。

每个基因都位于染色体的特定区域。体细胞中的染色体是成对的，一对染色体中的每一条都携带着具有相同特征的基因。因此，细胞中每种基因都可能有两种形式，尽管这两种形式可能略有不同。这种相同基因的不同形式被称为"等位基因"，一个等位基因来自母方，另一个则来自父方。有时细胞只转录这两种基因中的一种，有时则两种都转录，这取决于具体涉及的基因。

人体内几乎所有的细胞都含有一整套染色体对。红细胞是个例外，它们没有染色体（这些细胞不需要，因为它们的寿命很短）。此外，精子和卵子等生殖细胞也比较特殊，它们都只含有每对染色体中的一条。在生殖过程中，精子和卵子的结合又提供了完整的染色体对，就每对染色体而言，其中的一条来自雄性的精子，另一条则来自雌性的卵细胞。

虽然身体的细胞具有相同的基因，但组成不同器官的细胞却存在较大的差异。细

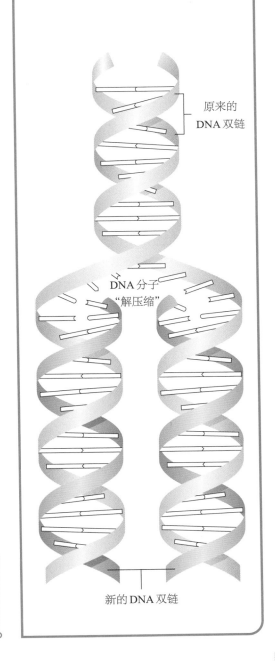

DNA 复制

当DNA进行复制时，分子原有的双链会解开，因此每条链都可以被复制。新的双螺旋链与原来的完全相同。

原来的 DNA 双链

DNA 分子 "解压缩"

新的 DNA 双链

胞都有特定的功能，例如，肌细胞能收缩，脑细胞能传递信息。这些功能取决于执行所需任务的蛋白质的产生。来自肌肉、大脑、肝脏、皮肤和其他器官的细胞之所以不同，并不是因为它们有不同的基因，而是因为它们转录或表达了排列顺序不同的蛋白质——正是来自相同基因的不同蛋白质执行了细胞的特定功能。

翻译

　　合成由 mRNA 序列编码的蛋白质被称为"翻译"。翻译发生在核糖体中。核糖体是一种复杂的细胞结构，含有两个核糖体 RNA（rRNA）的亚基和几十种不同的蛋白质。氨基酸是附着在转运 RNA（tRNA）分子上的，每种 tRNA 携带 20 种不同氨基酸中的一种。翻译是一项复杂的操作，当核糖体沿着 mRNA 移动时，酶催化了每一个步骤，最终根据编码指令合成了蛋白质。

　　mRNA 上三个相邻的核苷酸组成的基本编码单位，被称为一个密码子，它编码一种特定的氨基酸。这个代码被称为"遗传密码"，因为它是基因传递信息的方式。RNA 由四种不同的碱基组成，所以一个密码子内三个位置中的每一个都可以是四种不同的碱基之一，用"字母"表示为 A、C、U 或

这些李子经过基因改造后，可以抵抗李痘病毒。如果不进行基因改造，种植者只能通过破坏被感染的树来消除李痘病毒，这会造成明显的经济影响。

G。改变碱基的序列可以在基因编码中产生 64 个不同的密码子或"词汇"。核糖体接受 mRNA 作为基因的正确拷贝。如果不是这样，核糖体就会产生序列错误的蛋白质。在极少数情况下，新的蛋白质可能发挥新的有益作用，但在更多情况下，这种蛋白质是无用的，甚至是有害的。

　　每个密码子代表一种氨基酸或一个起始（或终止）指令。当核糖体遇到 GGG 编码时，它会将甘氨酸插入蛋白质序列中。与核糖体相关的酶将催化肽键形成，将甘氨酸连接到生长链中的前一个氨基酸上。密码子 AUG 则编码蛋氨酸，同时也是蛋白质合成开始的信号。密码子 UAA、UGA 和 UAG 则向核糖体发出停止翻译的信号。

　　tRNA 分子通过其核苷酸链中与氨基酸密码子互补的三碱基序列来识别自身所携带氨基酸应连接的位置，这个序列被称为"反密码子"。例如，密码子 AAC 编码天

科学词汇

染色体：携带遗传信息的、长而盘绕的 DNA 分子。

密码子：由三个核苷酸碱基组成的用来编码氨基酸的序列。

肽键：两个氨基酸结合时形成的键。

冬酰胺，带有反密码子 UUG 的 tRNA 分子则携带天冬酰胺这种氨基酸。反密码子与 mRNA 上编码特定氨基酸的密码子结合，并以此给 tRNA 定位，这样核糖体就能捕获 tRNA 携带的氨基酸并将其添加到链上。随后，tRNA 就会脱落，并拾取新的氨基酸分子，准备参与随后的反应。

DNA 重组

细胞竭尽全力地保持它们的 DNA 序列。然而，在某些情况下，对染色体的基因进行重新组合是有益的，这个过程被称为"DNA 重组"。

在繁殖过程中，子代的每一对染色体都是一条来自父方，一条来自母方的。当这些染色体在子代中再结合时，DNA 被重新组合，重组过程中 DNA 会从两个亲代中各取得一些片段。这是大自然的"实验"方式，其目的是为子代存活产生尽可能最优的遗传特征组合。DNA 重组需要 DNA 链的断裂。一条染色体上的大片段或小片段交叉到染色体对中的另一条染色体上，这些片段

的链将与新的 DNA 链连接起来。染色体对会将交叉的大片段或小片段进行互换。重组中基因的混合是自然发生的，但现在，科学家已经掌握了如何人工控制类似的过程。DNA 重组技术可以改变或控制生物体的基因，这样做可以产生植物或动物的新品种。

基因混编

基因混编是自然界确保物种生存的方式。两亲代都有两套染色体，但只提供一套染色体给子代，且子代接收到的染色体是完全随机的。当 DNA 被复制时，染色体上的基因被重新组合，有些是从亲代中父方那里得到的，有些则是从亲代中母方那里得到的。通过这种方式会产生新的适应性，这就有可能使生物体比其竞争对手更具优势。

聚合酶链式反应

过去，法医在犯罪现场很难找到足够多的生物材料来进行 DNA 测试。然而现在，即使是最微小的样本也可以利用聚合酶链式反应（PCR）对其进行检测。这项技术可以对一个 DNA 序列进行多次复制。

当细胞分裂时，细胞会利用一种被称为"聚合酶"的物质来复制染色体中的 DNA，PCR 也采用同样的方法：先加热 DNA 样品，使 DNA 的两条链解开，然后，从耐高温细菌中提取的聚合酶以每条链为模板进行复制。如果作为引物的核苷酸序列不存在，那么聚合酶是无法开始复制的，此时就需要使用特定方法导入反应所需的引物核苷酸序列，但是，样品必须先经过冷却，然后再次升高温度，聚合酶开始进行序列复制。

这个复制循环会进行 30 次左右，大约需要两分钟。因为每个被复制的序列都是一个新的模板，所以在过程结束时会得到约 10 亿个新复制的 DNA 片段。在其他样品中寻找类似的片段时，这些片段可以作为标记使用。

Books

Atkins, P. W. *The Periodic Kingdom: A Journey into the Land of Chemical Elements*. New York, NY: Barnes & Noble Books, 2007.

Berg, J. *Biochemistry*. New York, NY: W. H. Freeman, 2006.

Brown, T. E. et al. *Chemistry: The Central Science*. Englewood Cliffs, NJ: Prentice Hall, 2008.

Burrows, A. and Holman, J. *Chemistry³: Introducing Inorganic, Organic and Physical Chemistry*. Oxford: Oxford University Press, 2017.

Cobb, C., and Fetterolf, M. L. *The Joy of Chemistry: The Amazing Science of Familiar Things*. Amherst, NY: Prometheus Books, 2010.

Dean, J. and Holmes, D. A. *Practical Skills in Chemistry*. London: The Royal Society of Chemistry, 2018.

Davis, M. et al. *Modern Chemistry*. New York, NY: Holt, 2008.

Gray, T. *Reactions: An Illustrated Exploration of Elements, Molecules, and Change in the Universe*. New York, NY: Black Dog and Leventhal Publishers, 2017.

Khomtchouk, B. B., McMahon P. E., and Wahlestedt C. *Survival Guide to Organic Chemistry*. Boca Raton, FL: CRC Press, 2017.

Lehninger, A., Cox, M., and Nelson, *D. Lehninger's Principles of Biochemistry*. New York, NY: W. H. Freeman, 2008.

Oxlade, C. *Elements and Compounds (Chemicals in Action)*. Chicago, IL: Heinemann, 2008.

Saunders, N. *Fluorine and the Halogens*. Chicago, IL: Heinemann Library, 2005.

Wilbraham, A., et al. *Chemistry*. New York, NY: Prentice Hall (Pearson Education), 2001.

Woodford, C., and Clowes, M. *Routes of Science: Atoms and Molecules*. San Diego, CA: Blackbirch Press, 2004.